3小時讀通

基礎物理　力學篇

桑子研◎著

李翰庭◎譯

從「Physics」到「物理」……
現在正是重新面對物理的好時機。

有沒有人到現在還是覺得「物理好難」？

其實物理並沒有我們想像中那麼難。物理是一門非常單純直接的學科。即使是國中生也能夠解出大學學測的物理試題。我目前在女校（國中與高中）教物理，看過各式各樣的學生與物理交手，因此毫不懷疑。

物理不僅不難，還很有趣。

學了物理，你就會了解自然定律。天氣預報、手機、電腦、電視、汽車、飛機，我們身邊一切事物都與物理有關。物理甚至能幫助我們探索遙遠宇宙的秘密。學習物理，世界將更加寬闊。

※本書原名《桑子老師教你123解物理》，經重新改訂後改名為《3小時讀通基礎物理 力學篇》

　　物理非常的簡潔、有趣、實用，但遺憾的是，許多人光看到算式便渾身不舒服。

　　本書以問題解法為主，整理出物理學重點，讓讀者能體會物理的簡單。**只要使用神奇的123三步驟解法，任何人都能解出大學物理學測考題。**題目能解，物理自然就有趣。

　　我將本書送給追不上物理課程進度的國中生、高中生，以及對物理一籌莫展的社會人士們。

　　　　從「Physics」到「物理」……
　　　　現在正是重新面對物理的好時機。

contents

3小時讀通
基礎物理　力學篇

每個人都能懂！大學學測物理「力學」三步驟解法

◇ 兩種類型的學生

物理不好的學生，大致可分為以下兩種類型。

迷惘型

> 想照課本編排順序來理解所有內容。
>
> 「力矩？內分比？外分比？」
>
> 課本上畫滿了紅圈和紅線，
>
> 但什麼也不懂。
>
> 一聽到「物理」二字就頭痛想吐。

毅力型

就算是是花了時間，卻拿不到分數。

唸書唸得好辛苦。

「我只是毅力不足！」

再加把勁！啊，好累⋯

起點

◇ 流程圖與三步驟解法

迷惘型與毅力型的問題癥結相同，原因都是看不到目標終點，所以不知道哪裡重要，哪裡不重要。

本書便是通往解題終點的流程圖，教你如何用三步驟抵達終點。為了幫助理解，書中使用大量插圖輔助說明，所有插圖都來自我平時幫學生上課內容的心得整理而成。請詳讀本書，取得解題法的祕訣吧。

本書分為正課與補充兩大部分。

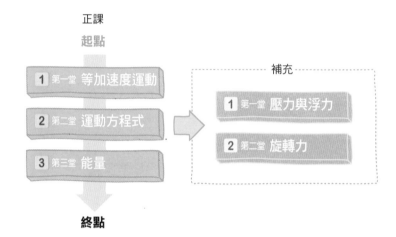

物理力學的出題模式，不脫離「①等加速度運動題」「②運動方程式題」「③能量題」三者。沒錯，就只有三種！而其中最重要的就是「②運動方程式題」。包含於「運動方程式」中的「壓力與浮力」和「力矩」（轉動）也經常出現在試題中，因此納入補充範圍。

基本上我希望讀者能照順序閱讀，但即使看不懂第一堂課的人，也不用擔心，請繼續閱讀最重要的第二堂課，必能逐漸體會物理的趣味。

第一堂課

奮勇向前衝
等加速度運動

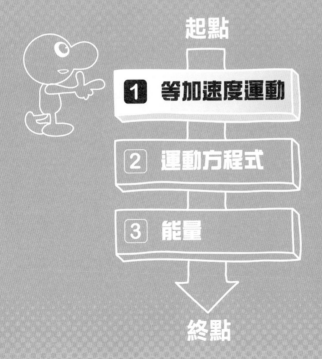

起點

1 等加速度運動

2 運動方程式

3 能量

終點

前言

有一艘太空梭。

 「艦長！有隕石正在接近本艦！」

 「呵、呵、呵，別緊張。只要算出速度與加速度，就能預測隕石的位置。」

當第一堂課結束之後，你也能像艦長一樣，預測物體的位置。

掌握 v-t 圖！

三種基本運動

我們日常生活中所接觸的運動，皆屬於以下三大模式之一，大多運動都是由這三種運動組合而成。

① 靜止

無論時間經過多久，都不會離開原地的運動。圖中的「t」代表「時間」
（time的 t）。

② 等速運動

以相同速度持續活動的運動。每經歷一段相同時間，就會移動相同距
離。圖中的「**箭頭**」表示「**速度**」。

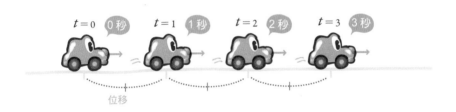

③ 等加速度運動

以一定比例改變速度的運動。隨時間經過，位移也會改變。圖中的「**粗
箭頭**」表示「**加速度**」。

三種圖表

接著以圖表來表示三種運動。

1 x-t 圖（距離－時間圖）

x-t 圖的縱軸為位移 x，橫軸為經過時間 t。圖中表示經過單位時間（向圖右側前進）之後，會移動多少距離。

① 靜止

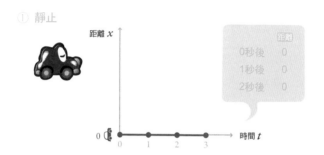

靜止就是一直待在原地不動，無論時間 t 經過多久，位移 x 都是0。

② 等速運動

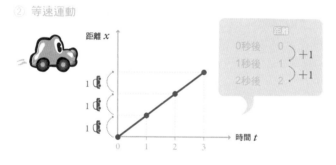

等速運動是以一定速度前進，因此隨著時間 t 經過，位移 x 也會依等比例增加。

③ 等加速度運動

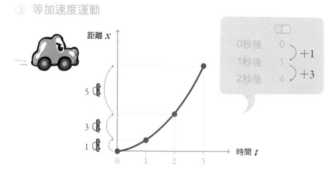

在等加速度運動中，速度隨時間增加，因此隨著時間 t 增加，位移 x 也會快速增加。圖形曲線為二次函數曲線。

在此請先確認速度公式。

$$v = \frac{x}{t} \ [\mathrm{m/s}]$$

公式

（速度 v ＝ 距離 x ÷ 時間 t ）

所謂速度，乃表示一秒鐘所移動的距離 x。小學就已經介紹過下面這樣的概念圖。

2 v–t 圖（速度-時間圖）

v–t 圖的縱軸表示速度 v，橫軸表示時間 t。此圖表示速度隨時間所產生的變化情形。

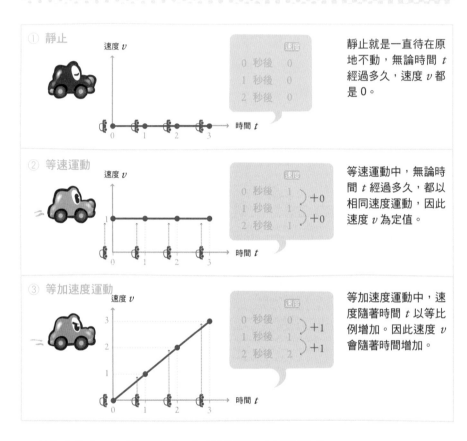

① 靜止

靜止就是一直待在原地不動，無論時間 t 經過多久，速度 v 都是 0。

② 等速運動

等速運動中，無論時間 t 經過多久，都以相同速度運動，因此速度 v 為定值。

③ 等加速度運動

等加速度運動中，速度隨著時間 t 以等比例增加。因此速度 v 會隨著時間增加。

在此向你介紹加速度公式。加速度可寫成以下算式。

公式
$$a = \frac{v}{t} \; [\text{m}/\text{s}^2]$$
（加速度 a ＝ 速度 v ÷ 時間 t）

由此公式可知，加速度代表每秒鐘速度 v 的變化量。

a-t 圖的縱軸表示加速度 *a*，橫軸表示時間 *t*。此圖表示加速度隨時間經過所產生的變化情況。

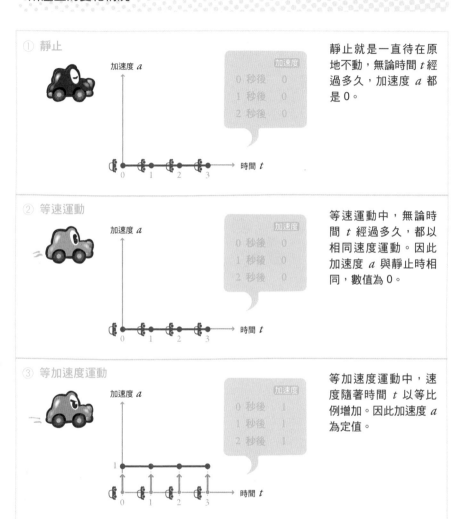

① 靜止

加速度 *a*

	加速度
0 秒後	0
1 秒後	0
2 秒後	0

時間 *t*

靜止就是一直待在原地不動，無論時間 *t* 經過多久，加速度 *a* 都是 0。

② 等速運動

加速度 *a*

	加速度
0 秒後	0
1 秒後	0
2 秒後	0

時間 *t*

等速運動中，無論時間 *t* 經過多久，都以相同速度運動。因此加速度 *a* 與靜止時相同，數值為 0。

③ 等加速度運動

加速度 *a*

	加速度
0 秒後	1
1 秒後	1
2 秒後	1

時間 *t*

等加速度運動中，速度隨著時間 *t* 以等比例增加。因此加速度 *a* 為定值。

　　這裡的關鍵在於如何將三種運動（靜止、等速、等加速）與三種圖（*x-t*、*v-t*、*a-t*）連在一起。下一頁整理出三種運動與對應的圖表，請務必確認。

三種運動與圖表的對應整理

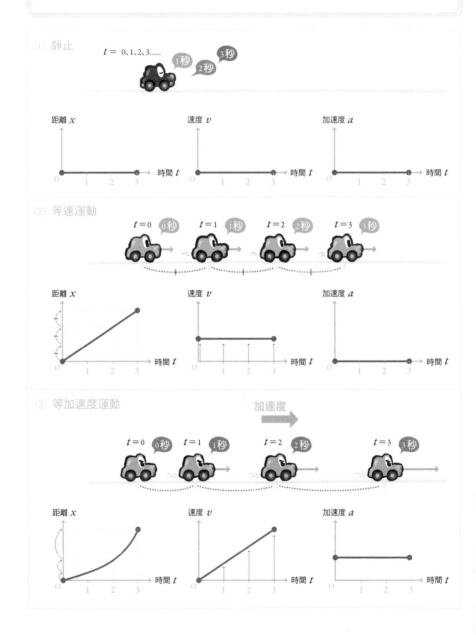

(1) 靜止

$t = 0$、1、2、3......

1秒 2秒 3秒

距離 x　時間 t

速度 v　時間 t

加速度 a　時間 t

(2) 等速運動

$t=0$ 0秒　$t=1$ 1秒　$t=2$ 2秒　$t=3$ 3秒

距離 x　時間 t

速度 v　時間 t

加速度 a　時間 t

(3) 等加速度運動

加速度

$t=0$ 0秒　$t=1$ 1秒　$t=2$ 2秒　$t=3$ 3秒

距離 x　時間 t

速度 v　時間 t

加速度 a　時間 t

_v-t_ 圖

　　我們已經學了三種圖，其中最重要的就是「_v-t_ 圖」。其實只要觀察 **_v-t_** 圖就能得知位移 x 與加速度 a。

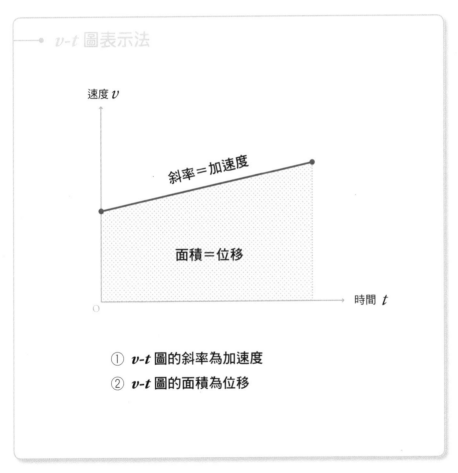

_v-t_ 圖表示法

速度 v

斜率＝加速度

面積＝位移

時間 t

① **_v-t_** 圖的斜率為加速度
② **_v-t_** 圖的面積為位移

讓我們看看 **_v-t_** 圖表示法。

① **v-t 圖的斜率為加速度**

為何「加速度」等於「v-t 圖的斜率」？我們再看一次「加速度公式」。

加速度公式$$a = \frac{v}{t} \quad \left(\text{加速度} = \frac{\text{速度}}{\text{時間}}\right)$$

可見加速度等於「速度變化量」除以「時間變化量」。
也就是說，加速度 a 如下圖所示，等於 v-t 圖的斜率。

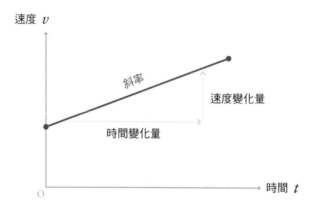

$$\text{加速度} = \frac{\text{速度變化量}}{\text{時間變化量}} \quad \longrightarrow \quad \textbf{\textit{v-t} 圖的斜率}$$

② *v-t* 圖的面積為位移

其次我們以等速運動圖舉例，證明「***v-t* 圖面積**」等於「**位移**」。在等速度運動中，可由 $v = \dfrac{x}{t}$ 求出以一定速度 ***v*** 移動時間 ***t*** 之後的位移。

$$v = \frac{x}{t} \quad （位移＝速度 \times 時間）$$

由此可知，位移便等於下面 *v-t* 圖的面積。

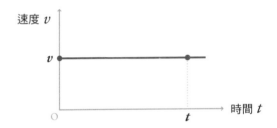

因此只要求出 *v-t* 圖的面積，便能求出位移（ *v*× *t* ）。而且不論運動種類，此規則在等加速度運動中依然成立，但在此先省略其說明。

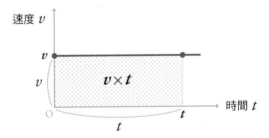

接著我們用練習題來練習 *v-t* 圖表示法的使用法。

v-t 圖的使用法

　　某班列車從 A 站往 B 站出發，如下方的 *v-t* 圖所示，從 A 站出發後 150 秒抵達 B 站。

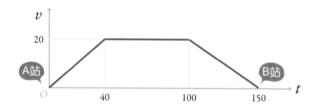

問 1　該班車 0～40 秒的加速度為多少？

問 2　該班車 40～100 秒的加速度為多少？

問 3　A 站與 B 站距離多遠？

問 4　請畫出 0～150 秒的 *x-t* 圖與 *a-t* 圖。

四色筆123

　　這裡要先準備一項解題必備的事前工作。請務必準備一支四色筆（黑、紅、藍、綠）！

四色筆123

① 邊看問題內文，邊以「藍色」標出關鍵的數字與符號。

② 關鍵名詞畫上「綠色」底線。

③ 用「黑色」畫圖計算，用「紅色」訂正解答。

---

① 邊看問題內文，邊以「藍色」標出關鍵的數字與符號。

用藍色圈起題目中出現的數字。本題需要應用到三張圖，為了避免搞混，先將圖中縱軸的「v」圈起來。

② 關鍵名詞畫上「綠色」底線。

在問題 1、問題 2 的「加速度」下畫綠色底線，並加註「**斜率**」。問題 3 的距離也一樣標上綠色底線，並加註「**面積**」。

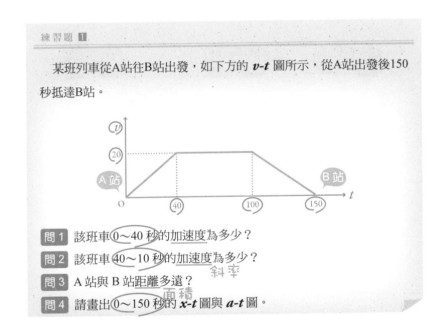

練習題 1

某班列車從A站往B站出發，如下方的 **v-t** 圖所示，從A站出發後150秒抵達B站。

問 1　該班車 0～40 秒的加速度為多少？
問 2　該班車 40～10 秒的加速度為多少？
問 3　A 站與 B 站距離多遠？
問 4　請畫出 0～150 秒的 **x-t** 圖與 **a-t** 圖。

③ 用「黑色」畫圖計算，用「紅色」訂正解答。

圖畫得好不好，決定一題的生死！解題時請務必要畫圖。畫圖解題時請用黑色原子筆來畫圖解題。不需要用到橡皮擦。用四色筆的重點在於保留錯誤在內的所有計算過程。

請根據 v-t 圖，想像列車的運動。

在 0～40 秒之間，速度以等比例增加。因此這段時間內為等加速度運動。

40～100 秒之間，曲線呈現水平，代表速度不變。可知列車進行等速運動。

100～150 秒之間，速度以等比例減少。由於符合「速度以等比例變化」的規則，因此屬於一種等加速度運動。速度減少，故稱為負等加速度運動。

本題又可進一步化為以下的示意圖。

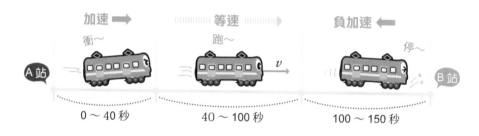

接下來讓我們來解題。

【解答與解說】

根據「v-t 圖表示法」，加速度可由 v-t 圖的斜率求出。我們將圖分為 0～40 秒、40～100 秒，100～150 秒三段時間區域，分別求取斜率。

0 ～ 40 秒的斜率為……

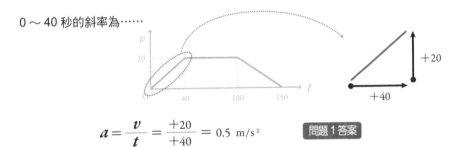

$$a = \frac{v}{t} = \frac{+20}{+40} = 0.5 \text{ m/s}^2$$

問題 1 答案

40 ～ 100 秒的斜率為……

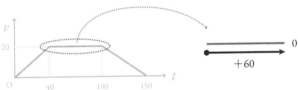

$$a = \frac{v}{t} = \frac{0}{+60} = 0 \text{ m/s}^2$$

問題2答案

100 ～ 150 秒的斜率為…

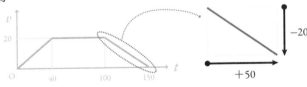

$$a = \frac{v}{t} = \frac{-20}{+50} = -0.4 \text{ m/s}^2$$

負加速為速度方向與前進方向相反的加速度，代表的意義是減速。

【解答與解說】

　　再來求 A 站與 B 站的距離。根據「**v-t** 圖表示法」，可知「**v-t** 圖面積為位移」。

　　因此我們將 *v-t* 圖所圍成的面積分為 0～40 秒的三角形，40～100 秒的長方形，100 秒～150 秒的三角形，分別計算結果。

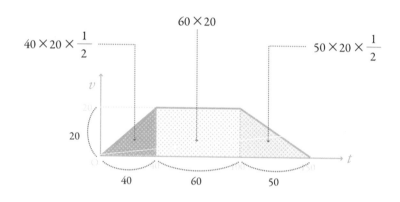

$$0～40秒的三角形面積 = 40 \times 20 \times \frac{1}{2} = 400 \qquad \cdots(i)$$

$$40～100秒的長方形面積 = 60 \times 20 = 1200 \qquad \cdots(ii)$$

$$100秒～150秒的三角形面積 = 50 \times 20 \times 1/2 = 500 \qquad \cdots(iii)$$

將算式 (i) ～ (iii) 三者面積相加，求出 A 站與 B 站的距離為

$$400 + 1200 + 500 = 2100m$$

問題 3 答案

【解答與解說】

由問題 1、問題 2 之結果，可畫出以下的 *a-t* 圖。

問題 4 答案

看來斷斷續續，但就是這樣沒錯！

由問題 3 之解答，可得以下的 *x-t* 圖。

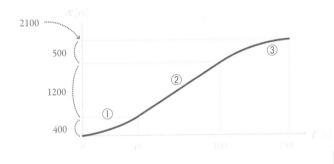

問題 4 答案

　　0～40 秒為正等加速度運動，因此呈現正二次函數（①）；40～100 秒為等速運動，呈現有斜率之直線（②）；100～150秒為負等加速度運動，因此呈現負二次函數（往上凸起的曲線）（③）。

　　最後，請在自己錯誤處以紅筆訂正。自己的錯是自己犯的，就算不喜歡，也務必要把記錄留下來。

休息時間

要習慣符號！

物理學是以符號來組成算式。

種類	符號	單位
距離是…	x、y、z	m
時間是…	t	s
速度是…	v	m/s

這些符號加上單位之後，變成下面讓中學生看了就要擺苦瓜臉的符號。

例　　$x\,(\mathrm{m})$、$t\,(\mathrm{s})$、$v\,(\mathrm{m/s})$

但習慣之後你便會了解，唯有正確使用符號才能掌握題目，計算也會更加輕鬆。因此請別害怕，盡量多使用符號吧。

能解出所有等加速度運動問題。若使用下面介紹的

，即使不必畫出 v-t 圖，也能解題。

三公式

$$\frac{1}{2}at^2 + v_0 t + x_0$$

$$at + v_0$$

$$^2 = 2a(x - x_0)$$

$x - x_0$：位移

度 a、經過時間 t、初速度 v_0、起始位置 x_0。

v_0 與 x_0。

$= 0$）時的速

代表「時間為 0

初速：v_0

代表 $t = 0$

的時刻」。

同樣地，起始位置 x_0 便代表時間為 0 時的位置（起跑點）。

請看下圖。起跑時（$t = 0$）烏龜與兔子的速度各為初速，位置各為起始位置。

請務必默記「等加速度運動三公式」。三公式的推導過程，可參考本章節末之「附錄 1 等加速度運動三公式推導法」。可由 v-t 圖表示法推導而得。

「等加速度運動三公式」的用法

接著就以「等加速度運動三公式」來解題吧。

練習題 2

某輛車的初速為 0 m/s，以加速度 2 m/s² 出發。請求出此車三秒後的速度與位移。

活用「等加速度運動三公式」！

等加速度運動三公式

　　只要會畫 v-t 圖，就能解出所有等加速度運動問題。若使用下面介紹的「等加速度運動三公式」，即使不必畫出 v-t 圖，也能解題。

等加速度運動三公式

① 距離公式　　$x = \dfrac{1}{2}at^2 + v_0t + x_0$

② 速度公式　　$v = at + v_0$

③ 無時間公式　$v^2 - v_0^2 = 2a(x - x_0)$

$x - x_0$：位移

※位置 x、速度 v、加速度 a、經過時間 t、初速度 v_0、起始位置 x_0。

　　在此補充首次出現的符號，v_0 與 x_0。

　　初速度 v_0 代表時間 0（$t = 0$）時的速度。因此右下角標示的 0，代表「時間為 0 的時刻」。

初速：v_0

代表 $t = 0$

同樣地，起始位置 x_0 便代表時間為 0 時的位置（起跑點）。

請看下圖。起跑時（$t = 0$）烏龜與兔子的速度各為初速，位置各為起始位置。

請務必默記「等加速度運動三公式」。三公式的推導過程，可參考本章節末之「附錄1 等加速度運動三公式推導法」。可由 v-t 圖表示法推導而得。

「等加速度運動三公式」的用法

接著就以「等加速度運動三公式」來解題吧。

練習題 2

某輛車的初速為 0 m/s，以加速度 2 m/s^2 出發。請求出此車三秒後的速度與位移。

我們可以用下面三步驟來輕鬆解出等加速度運動問題。

> **等加速度運動123**
>
> ① 先畫圖，以移動方向為軸。
>
> ② 根據軸的方向，決定速度・加速度的正負值。
>
> ③ 將 a、v_0、x_0 代入「等加速度運動三公式」中，求出解答。

練習題 **2**

【解答與解說】

① **先畫圖，以移動方向為軸。**

首先畫出圖。將車輛開始前進的方向延伸為 x 軸。

② **根據軸的方向，決定速度・加速度的正負值。**

定義與 x 軸同向的速度和加速度為正值，與 x 軸反向則為負值。

③ 將 a、v_0、x_0 代入「等加速度運動三公式」中，求出解答。

整理第 2 項的圖，可得到以下的 a、v_0、x_0。

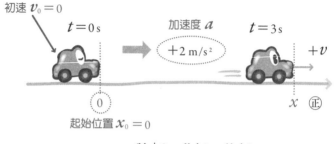

$$a : +2 \text{、} v_0 : 0 \text{、} x_0 : 0$$

在 $t = 0$ 時，車子靜止不動，因此 $v_0 = 0$。又以起點為原點，故 $x_0 = 0$。將數字分別代入「距離公式」「速度公式」中，便得到用以解題的算式。

$$\boxed{\text{距離公式}} \quad x = \frac{1}{2} \underset{+2}{a} t^2 + \underset{0}{v_0} t + \underset{0}{x_0} = t^2 \qquad \cdots (\text{i})$$

$$\boxed{\text{速度公式}} \quad v = \underset{+2}{a} t + \underset{0}{v_0} = 2t \qquad \cdots (\text{ii})$$

代入公式之後得到「$x = t^2$」與「$v = 2t$」，便是計算本題所需的「距離算式」與「速度算式」。根據問題內容，欲求三秒後的位移與速度，故 t 代入 3，由算式 (i) 得知 $x = 9\,\text{m}$，由算式 (ii) 得知 $v = 6\,\text{m/s}$。

速度：6 m/s，位移：9 m　　　 答案

於是我們以「等加速度運動三公式」轉換出解題算式，解出了答案。

「無時間公式」的用法

接著我們來練習第三項「無時間公式」的用法。使用這條公式，計算速度將會快一倍。

某輛車以初速 2 m/s 的速度往右行駛。在某個時間點以一定之加速度 4 m/s² 加速，使速度成為 6 m/s。請問加速期間所行駛的距離為何？

練習題 3

【解答與解說】

根據33頁「等加速度運動123」中的①與②，可得下圖。

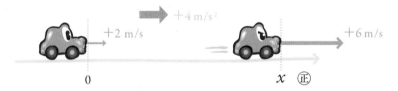

③ 將 a、v_0、x_0 代入「等加速度運動三公式」中，求出：

$$a = +4 \text{、} v_0 = +2 \text{、} x_0 = 0$$

將以上數值代入「距離公式」與「速度公式」中，便得以下結果。

[距離公式] $x = \dfrac{1}{2}at^2 + v_0 t + x_0 = \dfrac{1}{2}4 \cdot t^2 + 2 \cdot t + 0 = 2t^2 + 2t$ ⋯(i)

[速度公式] $v = at + v_0 = 4t + 2$ ⋯(ii)

根據題目內容，將算式 (ii) 的 v 代入6（$6 = 4t + 2$），便可求出速度達到 6 m/s 所需的時間（$t = 1$）。再將求出的 $t = 1$代入 (i)，便可求出此時的位移（計算結果為 $x = 4$）。使用兩條算式，是否有些麻煩？

雖然這方法可以解題，但仔細一看，本題並沒有問到時間。此時若使用「無時間公式」，便能更輕鬆地解題。讓我們再次列出已知資訊。

$$a = +4 \text{、} v_0 = +2 \text{、} x_0 = 0 \text{、} v = +6$$

將這些數字帶入無時間公式中，得到以下結果：

$$\overset{+6}{v^2} - \overset{+2}{v_0^2} = 2\overset{+4}{a}(x - \overset{0}{x_0})$$

　　無時間公式

$$36 - 4 = 2 \cdot 4\,x$$

$$x = 4 \,(\text{m}) \qquad \boxed{答案}$$

像這樣沒有提到時間，也不用計算時間的問題，使用「無時間公式」便可快速解題。

專欄❷

單位守恆

當速度與加速度都為「2」時，即使數字相同，也不能寫成如算式 (i) 的等式。

$$2（速度）＝2（加速度）\quad \cdots (i)$$

這是為什麼？

因為速度單位是 m/s，加速度單位是 m/s^2。幾乎所有古典物理學的單位，都是由以下三個基本單位排列組合而成。

長度單位 $\overset{公尺}{m}$　　質量單位 $\overset{公斤}{kg}$　　時間單位 $\overset{秒}{s}$

例如速度單位【m/s】就是由【m】與【s】所構成。

速度就是位移除以經過時間。

・這是附單位的公式　　・若只留下單位便是如此

$$\boldsymbol{v}(m/s) = \frac{\boldsymbol{x}(m)}{\boldsymbol{t}(s)} \qquad m/s = \frac{m}{s}$$

速度單位中的「/」代表「÷」，也就是 $\frac{m}{s}$。原來單位之中就已經有解題法（距離除以時間）了！

因此等式若要成立，「左邊單位」一定要等於「右邊單位」。

單位守恆　左邊單位＝右邊單位

再舉個例子，面積單位【m^2】的定義如下。

$$面積【m^2】＝長【m】×寬【m】$$

可見左邊與右邊的單位也相等。

自由落體也適用「等加速度運動三公式」

自由落體是等加速度運動！

翻開課本，物體掉落的運動（自由落體）竟然有許多公式，每一條看起來都很相似，要背公式真是太辛苦了。哇啊～

請注意，千萬別背這些公式！因為自由落體也能用「等加速度運動123」輕鬆解題。自由落體有下面這條定律：

自由落體定律

所有地球上的自由落體皆以相同加速度 9.8 m/s² 掉落。

「所有物體都以 9.8 m/s² 掉落？
騙人！明明就是重的掉得快！」

那我們就用實驗確認一下吧。準備一張紙與一顆蘋果，同時從相同高度自由落下。

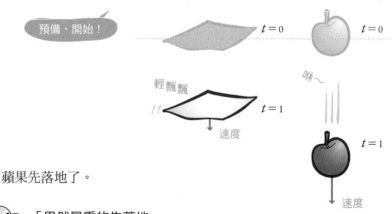

蘋果先落地了。

「果然是重的先落地」。

接著把紙張捏成紙團，跟蘋果同時自由落下。

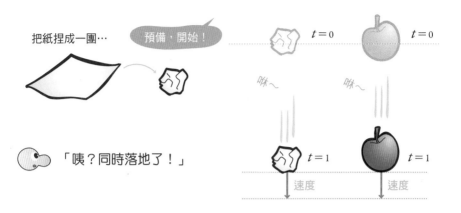

使用的是同一張紙，因此重量不變。但，為什麼在捏成紙團之後，蘋果與紙團會以相同加速度落地呢？

答案是因為空氣阻力。像紙張那樣輕的物體，會大大受到空氣阻力影響。將紙揉成紙團，可減少與空氣接觸的面積，降低空氣阻力，因此紙團與蘋果便會以相同加速度掉落。

如果沒有空氣阻力作祟，任何物體都會以相同的加速度 9.8 m/s² 掉落。

9.8 這個數字，是由地球重力所決定的特別數字，稱為重力加速度。就像圓周率 3.14 以「π」表示，重力加速度 9.8 則以「g」表示。

自由落體就是加速度 g 的等加速度運動。因此只要把「等加速度運動三公式」的加速度「a」換成重力加速度「g」便可進行計算。

$$x = \frac{1}{2}\overset{g}{a}t^2 + v_0 t + x_0$$

「咦？竟然這樣就好了！」

解出「自由落體」

蘋果以初速度 0 自橋上落下。請求出三秒後的速度，以及從橋上掉落的距離。重力加速度 g 為 9.8 m/s^2。

練習題 **4**

【解答與解說】

根據「等加速度運動 123」中的①與②，可畫出以下這張圖。

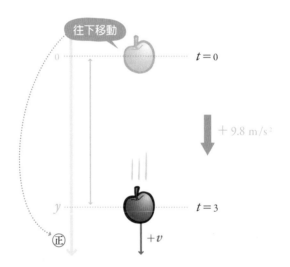

物體向下移動，因此 y 軸往下延伸。這裡出現了初次登場的符號 y。當物體往縱軸方向移動時，規定要以 y 軸代替 x 軸。x 或 y 都只是代表位置的符號，因此請別太在意。

此圖與等加速度運動問題完全相同。讓我們把圖翻轉 90 度吧。

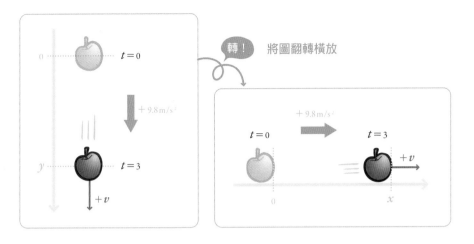

將圖翻轉橫放

這樣懂了吧。只有運動方向改變，其它完全不變，只是變成往縱向移動而已。

如前面一樣，找出 a、v_0、y_0，可得以下算式。

$$a = +9.8 、 v_0 = 0 、 y_0 = 0$$

代入「距離公式」與「速度公式」，可得到新的算式。

距離公式 $\quad y = \dfrac{1}{2} \overset{9.8}{a} t^2 + \overset{0}{v_0} t + \overset{0}{y_0} = \dfrac{1}{2} 9.8\, t^2 = 4.9\, t^2 \qquad \cdots (\text{i})$

速度公式 $\quad v = \overset{9.8}{a} t + \overset{0}{v_0} = 9.8\, t \qquad\qquad\qquad\qquad \cdots (\text{ii})$

將 $t = 3$ 代入以上公式中，由算式 (i) 得知掉落距離為 44.1 m（答案）。由算式 (ii) 得知速度為 29.4 m/s（答案）。**很簡單吧！**

鉛直上拋

　　所謂「鉛直上拋」如右圖所示，對球施加初速度 v_0，往正上方拋投所造成的物體運動。

　　「鉛直上拋」要問的是到達最高點（頂點）所需的時間，以及最高點的高度。

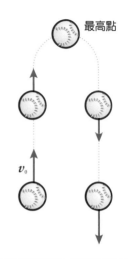

最高點

v_0

練習題 **5**

　　以初速度 v_0 將蘋果鉛直上拋。請問上拋後經過幾秒，蘋果會抵達最高點？又，上拋最高點的高度為何？假設重力加速度為 g。

「最高點？這要怎麼算啊？」

　　只要想像物體運動的狀態就很簡單了。像之前一樣，試著以「等加速度運動 123」列出算式吧。

① **先畫圖，以移動方向為軸。**

　　沿物體開始移動的方向畫出 y 軸箭頭。「鉛直上拋」是以向上的運動開始，因此 y 軸要朝上！

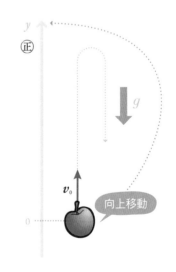

y

正

g

v_0

向上移動

0

② 根據軸方向，決定速度・加速度的正負值。

　加速度 g 與我們決定的軸方向「上方」相反（重力向下），因此寫成負值「$-g$」。

　一旦決定軸方向，即使物體掉落也不能更改。因此無論蘋果在上升時或下降時，加速度都是「$-g$」。

 有些人會把上升時的軸向與下降時的軸向混淆。再強調一次，軸向一旦決定，就不能更改。

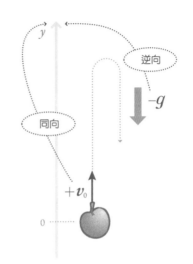

③ 將 a、v_0、x_0 代入「等加速度運動三公式」中，求出解答

$$a=-g、v_0=+v_0、y_0=0$$

代入「距離公式」與「速度公式」，得到新的算式。

距離公式　$y=\dfrac{1}{2}\underset{-g}{a}t^2+\underset{+v_0}{v_0}t+\underset{0}{y_0}=-\dfrac{1}{2}gt^2+v_0t$　$\cdots$ (ⅰ)

速度公式　$v=\underset{-g}{a}t+\underset{+v_0}{v_0}=-gt+v_0$　$\cdots$ (ⅱ)

準備完畢！讓我們來研究最高點吧。

【解答與解說】

最高點的速度為何？請想像把蘋果往上拋的情況。蘋果會不斷上升，速度也不斷減少，在最高點的一瞬間速度為 0（靜止），接著便往下加速掉落。

由於最高點時的速度為零，因此在上一頁算式 (ii) 中，將等號左邊的 v 代入 0，則時間 t 即為抵達最高點的時間。

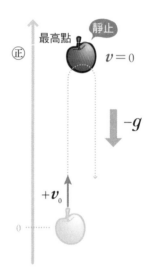

$$0 = -gt + v_0$$

靜止

$$t = \frac{v_0}{g} \quad \boxed{答案}$$

如右圖所示，將求出的數值寫入圖中。接著將最高點時間 $\frac{v_0}{g}$ 代入算式 (i) 的 t 中，便可求出最高點的高度。

填入已知數值

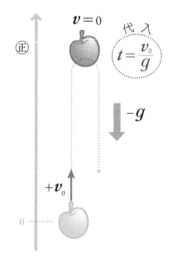

$$y = -\frac{1}{2} g \left(\frac{v_0}{g} \right)^2 + v_0 \left(\frac{v_0}{g} \right) = \frac{v_0^2}{2g}$$

$\boxed{答案}$

「鉛直上拋」有以下三項要點，請銘記在心。

這裡要補充說明③的「左右對稱」。如右圖所示，若以 20 m/s 的速度將球鉛直上拋，就一定會以 20 m/s 的速度回落至起始位置。而且若從上拋開始到最高點要花兩秒，則從最高點落回起始位置，時間也一定是兩秒。請記住「鉛直上拋的對稱性」。

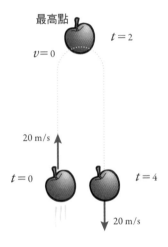

最高點

$v = 0$

$t = 2$

20 m/s

$t = 0$

$t = 4$

20 m/s

　　等加速度運動的關鍵就在於如何做軸。讓我們鎖定「物體一開始（$t =$ 0）往何處移動」，來練習做軸的方法。

練習題 **6**

　　有物體做如下之運動。請觀察此物體之動向，決定軸之方向。

A 物體等速向右移動

B 靜止物體以等加速度向左移動

C 原本以定速 v_0 向右移動的物體，突然煞車減速

v_0

【解答與解說】

A 物體開始（$t = 0$）向右方移動。因此軸以右邊為正。

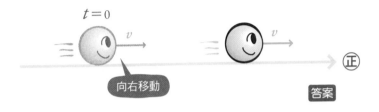

向右移動

答案

B 物體開始為靜止，之後向左方移動。因此軸以左邊為正。

向左移動

答案

C 物體一開始是向右移動，因此軸以右邊為正。請注意別被加速度的方向所欺騙。

向右移動

答案

　　確實把圖畫好，如此一來便一點也不可怕。請各位務必要先畫圖，決定軸向之後再行解題。

　　那麼，這堂課的尾聲，就來解日本大學學測考題吧。

在地面上將某物體往鉛直方向上拋。此時物體的高度 y 與時間 t 之關係，如下圖所示。

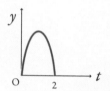

問 1 請問最高點高度為何？假設重力加速度為 9.8 m/s²。

問 2 請畫出此運動之 $v\text{-}t$ 圖與 $a\text{-}t$ 圖。以鉛直上方為正。

問 3 火星上之重力加速度大小約為 3.7 m/s²。若在火星上將相同物體做鉛直上拋，請從以下四圖中選出可代表該運動之圖形。假設 y 軸單位刻度相同。

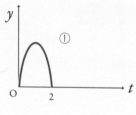

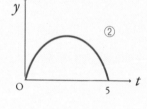

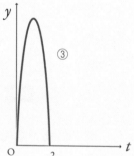

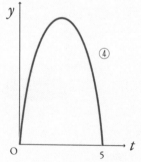

———— 2006年日本大學學測考題 —•

首先請進行「四色筆123」，準備解
題。

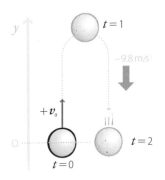

問1 若以圖表示此運動，便如右圖所
示，可以列出以下的「距離公式」與「速
度公式」。

$$a = -9.8 \text{、} v_0 = v_0 \text{、} y_0 = 0$$

距離公式 $\quad y = \dfrac{1}{2}(-9.8)\,t^2 + v_0 t + 0 = -4.9\,t^2 + v_0 t \qquad \cdots (\text{i})$

速度公式 $\quad v = -9.8\,t + v_0 \qquad\qquad\qquad\qquad \cdots (\text{ii})$

請回想一下，「最高點的速度 v 為零」。從問題中的高度時間圖（$y\text{-}t$
圖）得知，從拋起到落地的時間為 2 秒。根據「鉛直上拋的對稱性」，可
知上圖中物體抵達最高點的時間為 2 秒（物體從拋起到落地的時間）的一
半，也就是 1 秒。

因此在算式 (ii) 中代入最高點條件 $v = 0$，$t = 1$，可得 v_0 如下，

$$0 = -9.8 \times 1 + v_0$$

$$v_0 = 9.8$$

再將抵達最頂點之時間 $t = 1$ 與初速度 $v_0 = 9.8$ 代入算式 (i)，則得到最
頂點高度如下，

$$y = -4.9 \times 1^2 + 9.8 \times 1 = 4.9 \text{ (m)} \qquad \boxed{\text{答案}}$$

問2 由於初速（起點）為 9.8，加速度（斜率）為 -9.8，故 *v-t* 圖如下。

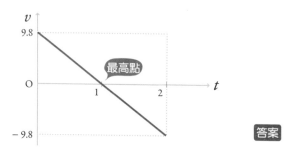

至於 *a-t* 圖，很多學生會誤以為是以下這樣的圖。

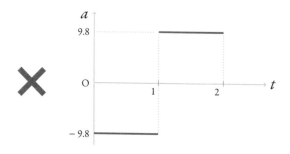

再重申一次，在「鉛直上拋」中，無論上升或下降，*y* 軸的方向都為上，不會中途改變！因此若以上為正，加速度永遠都是「-9.8」。圖如以下所示。

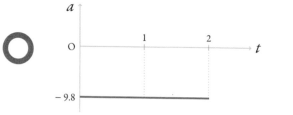

問3 這題不用算就有答案了！火星的重力加速度不到地球的一半，請想像一下以相同初速度鉛直上拋物體的情況。

地球上的物體會受到重力牽引，以 9.8 m/s² 的加速度掉落。若重力較小，代表把物體往下拉的力量較弱，因此物體落地所需的時間比在地球上更長（第一條件）。

再者，由於向下的引力較弱，物體一開始的初速要減速度為零，也要花費比地球上更長的時間。在這段時間中，物體會不斷往上移動，因此最高點也比地球上更高（第二條件）。只有圖 ④（ 答案 ）滿足這兩個條件。

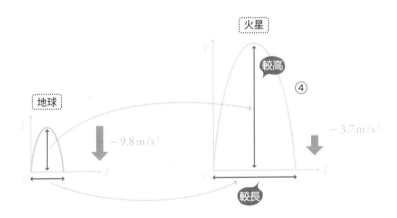

當然我們可以用「等加速度運動三公式」計算出正確的時間 t 與高度 y，但會很難整除，計算也會很複雜。大學學測如果是選擇題，請熟練這種想像力快速解題法。

第一堂課總整理

v–t 圖

① 斜率為加速度！
② 面積為位移！

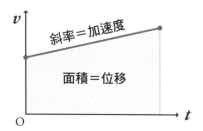

斜率＝加速度

面積＝位移

等加速度運動三公式，請務必默記！

① 距離公式 $\qquad x = \dfrac{1}{2}at^2 + v_0t + x_0$

② 速度公式 $\qquad v = at + v_0$

③ 無時間公式 $\qquad v^2 - v_0^2 = 2a(x - x_0)$

使用「等加速度運動123」法，
列出解題公式！

第二堂課

一切的起源
運動方程式

找出力，
代入運動
方程式！

起點

1 等加速度運動

2 運動方程式

3 能量

終點

前言

第一堂課，我們學了「物體的運動」。第二堂課要來探討力對物體運動有何影響。這也是本書最重要的部份。等各位上完這堂課，就能看見凡人所看不見的「力」了！

力與運動的關係

新的力單位「牛頓」

小學要描述力的強度時，會說拿起質量 100 g 的物體所感受的力，稱為「100 g 的力」。

「～g 的力」確實是非常簡單明瞭的單位。

而國中所學到的力單位，則是「N（牛頓Newton）」。1N 就是將 100 g 物體放在手上所感受到的力。一顆一號電池（一般乾電池中最大的型號）大約就是 100 g。請拿顆一號電池放在手上感受一下。

用箭頭畫出力

　　肉眼看不見力。因此我們如右圖般以「箭頭（向量）」來表現力。

「箭頭長度」代表「力的大小（強度）」，

「箭頭方向」代表「力的方向」。

　　如下圖所示，以一條細繩牽引物體，使用 4N 的力往右拉，以圖示如下。

　　一般的力（外力）都一定會從物體周圍，也就是從表皮（物體表面）部份往外延伸。

　　但只有重力例外！重力是從物體中心（重心）開始延伸。

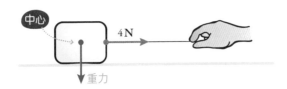

描繪力的要點

　　① 重力從物體中心開始延伸。

　　② 外力從表皮（物體表面）開始延伸。

接著我們來探討力與運動的關係，請看以下的學習目標問題。

學習目標問題

以細繩連接質量 m 之物體，進行如圖所示之 A、B、C、D 四種運動。求出各情況下細繩之張力 T。重力加速度為 g。

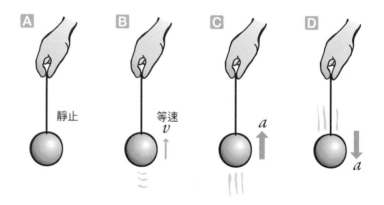

A 維持物體靜止所需的張力 T_A

B 使物體以一定速度 v 上升所需的張力 T_B

C 使物體以一定加速度 a 上升所需的張力 T_C

D 使物體以一定加速度 a 下降所需的張力 T_D

想解出此題，必須具備「運動方程式」與「力的平衡」兩種知識。只要能解出此題，高中物理就算及格了。

請以此題做為學習目標，來探討力與運動。

「無作用力」的情況：慣性定律

　　地球表面是個特殊空間，受到神奇的重力影響。另外還有空氣阻力與摩擦力等阻力介入。由於地球上充滿各種力，人們才難以窺見物體運動的原貌。因此若要探討「力與物體運動」，就要前往沒有任何外力影響的空間，也就是宇宙！

　　請閉起眼睛，想像宇宙的模樣。這裡所說的宇宙，代表沒有重力與阻力的開放空間。我們把物體放在宇宙中，經過一段時間，請問物體會在何處？

 「嗯？應該還是在原處吧？」

 「答對了！」

不動～

$t = 0、1、2、3……$

　　這並不是瞧不起各位的智商。當上述物體不受外力影響時，物體就會保持靜止。這點非常重要。

　　接著我們輕輕推這物體一下。一推，物體就會開始移動。而且神奇的是，在宇宙中即使放開手（不再施力），物體仍會以相同速度（等速）持續運動。

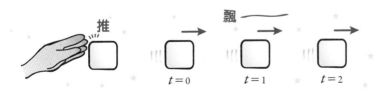

推

飄

$t = 0$　　　$t = 1$　　　$t = 2$

等速運動

各位可以參考「毛利 衛先生的宇宙理科實驗」（http://webmap.torikyo.ed.jp/ipa/d-etu1/d-muj1/IPA-rikajikken.htm）網站中，在太空梭內推金屬球的影片。

（照片出處：情報處理推進機構「教育用畫像素材集」http:// webmap.torikyo.ed.jp/ipa/）

由圖可見，就算沒有施力，物體仍有可能運動。

物體運動的基本性質，就是靜止不動的會恆維持靜止，等速運動的會維持等速運動。這個性質稱為慣性。慣性便是「牛頓三大運動定律」的第一條「慣性定律」。

重申一次，不受外力影響的物體，會保持靜止或等速運動。反之得證，等速運動的物體，受力為 0。

力＝ 0 ⟷ 靜止 or 等速運動

「單一力作用」的情況：運動方程式

　　對放在宇宙空間中的物體，施以往右的定力 F，那麼物體速度便會慢慢增加，並往右移動。

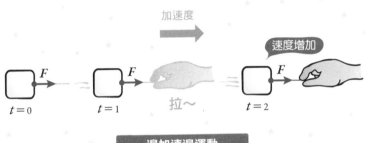

加速度

速度增加

F　　　F　拉～　　F

$t=0$　　　$t=1$　　　$t=2$

邊加速邊運動

　　只要持續施力，物體就會開始加速運動。力 F、加速度 a、質量 m 之間會成立以下關係式。

公式

$$ma = F$$

（質量 m × 加速度 a = 力 F）

　　這種表示力與運動之關係的式子，稱為運動方程式，也是力學中最重要的公式。

　　再說一次，只要對任何物體施力，物體便會往施力方向前進。反之得證，若物體正在加速，代表必定受到加速方向的力。

力 $\longleftrightarrow$ 加速度運動

但別忘了，運動方程式中含有質量 **m**。如下圖所示，對兩種物體施加相同的力，質量較大者，加速度便較小。

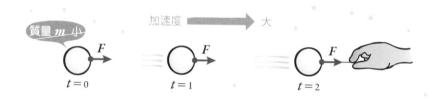

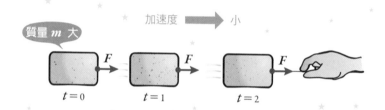

根據日常生活的經驗，可以想像，質量越大的物體，越不容易加速。
運動方程式是「牛頓三大運動定律」的第二條定律。

運動方程式的用法

　　我們來試著運用運動方程式吧。假設以 6N 的力拉扯質量 3 kg 的物體，則在運動方程式中代入 $m = 3$，$F = 6$。

$$\overset{3}{m} a = \overset{6}{F}$$

$$a = 2 \, \text{m/s}^2$$

　　解開此方程式，便得知物體會以 $2 \, \text{m/s}^2$ 的加速度進行等加速度運動。

　　換句話說，我們可以由運動方程式定義 1N 為「使 1 kg 物體以 $1 \, \text{m/s}^2$ 之加速度移動的力」。

「兩力作用」的情況：力的平衡

現在再增加一股力量，探討兩股力作用的情況。若施加兩股力，就會出現施力方向相同、方向相反、大小差別等各種情況。我們首先來看看往相同方向施力的情況。

① 兩力往相同方向作用時

如下圖所示，對質量 3 kg 之物體，同時施加同方向的兩股力，大小為 1N 與 2N。此時可看作兩股力會合而為一，變為一股力。也就是說，可以看成一股往右的力，大小為 1＋2，等於 3N。

將多股力合為一股的現象，稱為力的合成，或是合力。此物體受到 3N 的合力，往右開始加速。將質量 3 kg 與合力 3N 代入運動方程式的 m 與 F，則可得以下結果。

$$\overset{3}{m}\,a = \overset{3}{F}$$

$$3\,a = 3$$

$$a = 1$$

可知此物體會以 1 m/s^2 之加速度，往右方進行等加速度運動。

② 兩力往反方向作用時

接著來探討某物體受到往左 2N，往右 1N 兩股力的情況。由於往左的力較大，因此以左向為正，將兩股力合成之後如下。

結果只留下往左的力 1N。此時合力為 1N，物體會往左方開始加速。加速度可由運動方程式求出。

有多個力作用於相同物體上時，運動方程式的「F」要代入合力做計算。

③ 兩力平衡時

最後來探討兩股一樣大的力，作用於相反方向的情況。

假設某物體作用有向左 2N，向右 2N 的力。應以哪一方為正？先假設右邊為正，左邊為負，進行力的合成。

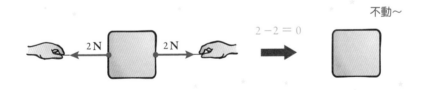

「力不見了！」

　　這就是無人觸碰該物體，物體不受任何外力作用的狀態。

　　「沒有力進行作用」，代表物體要遵守「慣性定律」。也就是說靜者恆靜，動者恆動（等速）。像這樣有施力，合成之後卻變成合力為 0 的狀態，稱為「力的平衡」。

　　當力平衡時，上下、左右的力為相同大小，總和為零。

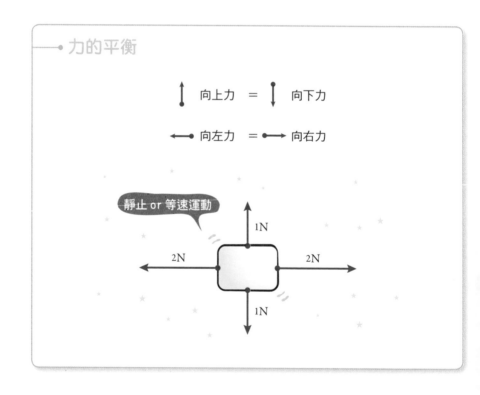

多力作用時

　現探討某物體上作用有四股力的情況，分別是向上 1N，向下 1N，向左 2N，向右 4N。此時可分別合成上下、左右的力。

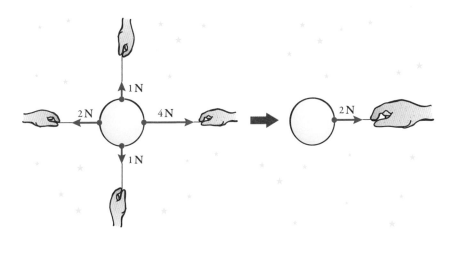

| 上下方向 | $1 - 1 = 0$ | ※以上為正 |
| 左右方向 | $4 - 2 = 2$ | ※以右為正 |

　如上圖所示，上下方向為「互相平衡」，故物體不移動。左右方向則形成向右 2N 的力，因此物體會向右開始加速。

　如此例所示，物體受到多個力作用時，請分為上下方向與左右方向來探討。

別看錯！
是「力的平衡」或「運動方程式」？

力的找尋法123

根據之前學過的內容，我們只要知道物體受到哪些力，再加以合成，便能得知物體的運動狀況。

無力 ⟶ 靜止 or 等速

有力 ⟶ 加速度

我們來學習「找尋力的方法」。找尋力時最重要的關鍵，就是站在物體的角度思考。

讓我們從自由空間「宇宙」回到受重力影響的「地球」。可以用以下三步驟來找尋力。

• 力的找尋法123

① 在你要探討的物體上畫臉，融入其中。

② 畫出重力。

③ 注意接觸到物體的東西，從表皮（物體表面）開始描繪外力（QQ 糖法）。

來看看右圖中以細繩垂掛的物體，受到哪些
作用力。

① **在你要探討的物體上畫臉，融入其中。**

先在物體上畫臉，站在與物體相同的角度上。

② **畫出重力。**

由於任何物體都受到重力影響，因此先從物體中心畫出重力。

③ **注意接觸到物體的東西，從表皮（物體表面）開始描繪外力（QQ 糖法）。**

觀察物體周圍，發現頂端連著細繩，這條細繩也對物體施力。施力方向是往哪裡呢？

讓我們從物體的觀點來探討吧。

現在要介紹一種名叫「QQ 糖法」的方法。

QQ 糖法！

　QQ 糖是種有彈性的物體，會往外力推擠或拉扯的方向變形。如下圖所示，對 QQ 糖施加往右的外力，QQ 糖便會往右拉長。若對 QQ 糖施加往左的外力，QQ 糖便會往左凹陷。也就是說，QQ 糖伸長或凹陷的方向，與外力施加的方向一致。

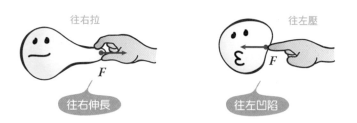

　回到問題，請想像你成為 QQ 糖，並且被細繩綁住垂吊。
　腦中是否浮現如下圖所示，頭被往上拉的景象？頭被往上拉，代表細繩對 QQ 糖施加了往上的力。

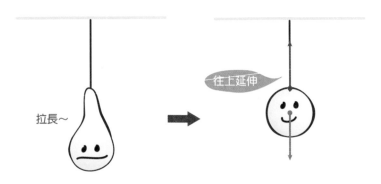

　如此一來，便可以找出所有外力。

重力 W 的大小

第一堂課教過，所有物體皆會以重力加速度 g 自由落下。因此將運動方程式（$F = ma$）中的 a 代入 g，便可求出重力 W 的大小。

| 公式 | $W = mg$ （重力 W ＝ 質量 m × 重力加速度 g） |

例如質量 1 kg 之物體，所受到的重力 W 便是 $1 \times 9.8 = 9.8$N。若是 100g 之物體，重力為 0.98N，約為 1N。國中的時候學過「100 g 物體所受到的重力約為 1N」。

物理所說的「重量」代表重力 W（Weight），意義與質量 m 不同。「重量」與「質量」容易搞混，請多留意。

正向力 N

　　接著介紹大家最容易搞混的力，正向力 N（Normal Force）。當物體放置在地板上，會受到怎樣的作用力？讓我們找出所有外力吧。根據「力的找尋法 123」，可以畫出下圖。

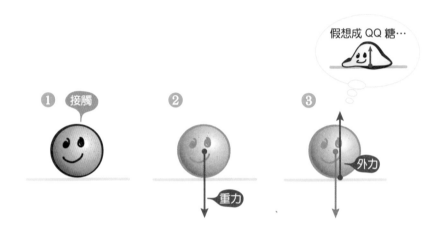

　　有些人會忽略 ③「向上的力」。

　　仔細看，由於物體接觸地面，便應該受到來自地面的力。若以 QQ 糖法來思考，放在地板上的 QQ 糖會往下攤平。 QQ 糖往下攤平，代表物體被地面往上推。這就是所謂的「正向力 N」。

　　正向力 N 的 *N* 是表示正向力的符號，牛頓的（N）則表示力的單位，兩者請勿搞混。

我們使用「力的找尋法 123」來解決下面這則問題。

　　請針對以下 **A**、**B**、**C** 三種情況，分別畫出對重 10N 之物體作用的所有力，並請求出力的大小。此時所有物體皆為靜止。

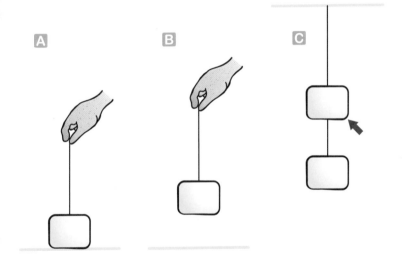

A 對放在地面上的物體，施加 5N 向上的力。

B 施加一定力，使物體靜止在半空中。

C 將兩個物體，以細繩連結，固定於天花板上時，上方物體受力為何？

【解答與解說】

A 根據「力的找尋法 123」，可將原圖畫成右
圖，發現有細繩和地面與該物體接觸。因此
作用外力包含細繩施力（此力稱為張力 T
），與正向力 N 兩種。

③ 外力
5 N
① 接觸　　　N(N)
② 重力
10 N

　　由於物體為靜止，因此力必定互相抵消。根據「力的平衡」，正向力
算式如下，

$$5 + N = 10$$
$$(\uparrow \text{向上力} = \downarrow \text{向下力})$$

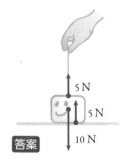

5 N
5 N
10 N

答案

　　根據此算式，得出 $N = 5$（N）（右圖）。

B 在「力的找尋法 123」之步驟 ③ 中，探討物體接觸了什麼，因此發現除
了細繩之外，物體並無接觸其他東西。因此藉由力的相互抵消，得知張
力 T 為 10N。

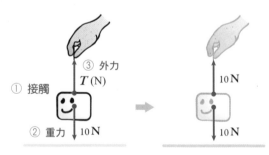

③ 外力
T (N)
① 接觸
② 重力　10 N

10 N

10 N

答案

C 這題似乎有些難，但解法依然相同。根據
「力的找尋法 123」之步驟 ①、②，可以改
畫為右圖。

① 接觸

② 重力
10 N

　以步驟 ③ 確認接觸對象。物體接觸了上
方的細繩與下方的細繩，受到兩條細繩的施
力。這兩股力方向為何，又如何作用呢？這
裡就要使用 QQ 糖法了。請想像一下，如果
物體是 QQ 糖會如何？

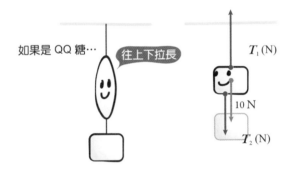

如果是 QQ 糖⋯　往上下拉長

T_1 (N)

10 N

T_2 (N)

　QQ 糖會往上下拉長，因此物體受到上方細繩向上的作用力 T_1，及下
方細繩向下的作用力 T_2。

　下方細繩的張力 T_2，源自於下方細繩所懸掛的物體重力拉扯。因此
T_2 等於下方物體的重力，10N。而根據力的相互抵消，上方細繩的張力
T_1 如下。

$$T_1 = 10 + T_2$$

$$(\updownarrow 向上力 = \updownarrow 向下力)$$

　由於 T_2 為 10N，故根據上面的算式，得
出 $T_1 = 20$N（右圖）。

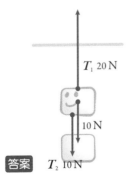

T_1 20 N

10 N

答案　T_2 10 N

萬事俱備，我們可以試著解「學習目標問題」了。

學習目標問題

以細繩連接質量 m 之物體，進行如圖所示之 A、B、C、D 四種運動。求出各情況下細繩之張力 T。重力加速度為 g。

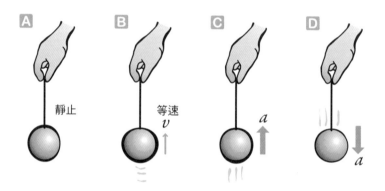

A 維持物體靜止所需的張力 T_A

B 使物體以一定速度 v 上升所需的張力 T_B

C 使物體以一定加速度 a 上升所需的張力 T_C

D 使物體以一定加速度 a 下降所需的張力 T_D

A 為靜止，B 為等速運動。請使用「力的平衡」原則。

靜止 or 等速 ⟷ 力的平衡

C、D 兩者都在加速，因此適用「運動方程式」。

加速 ⟷ 運動方程式

【解答與解說】

🅰、🅱：「力的平衡」

由於力的平衡，🅰、🅱 兩者的向上力總和等於向下力總和，合力應為零。因此如下圖。

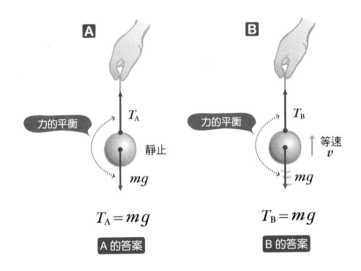

$$T_A = mg$$

A 的答案

$$T_B = mg$$

B 的答案

 「A 和 B 的張力一樣！？」

我們可以拿裝水的寶特瓶試試看。保持靜止狀態，與定速緩慢移動的狀態，手上感覺的重量有無不同？應該是完全相同。

但要是讓寶特瓶加速上下移動，又會如何？往上加速的時候，比靜止不動需要更多外力，而往下加速移動，則只需要較小的力。這個實驗有助於我們求出 🅲、🅳 的答案。

C、D：「運動方程式」

根據運動方程式（$ma = F$），可知

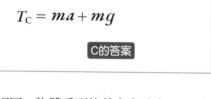

物體加速 ⟷ 加速方向有分力

因此向上加速的 C 代表剩餘合力向上，向下加速的 D 代表剩餘合力向下。

對 C 作用的力包含重力 mg 與張力 T_C 兩種。如右圖所示，向上的力 T_C 比向下的力 mg 要大，因此餘力向上，開始加速，以向上為正。

$$ma = T_C - mg$$
（$ma =$ 剩餘合力）

$$T_C = ma + mg$$

C的答案

D 與 C 相同，物體受到的外力有重力 mg 與張力 T_D 兩種。如右圖所示，向下的 mg 大於向上的 T_D，因此開始向下加速，以向下為正。

$$ma = mg - T_D$$
（$ma =$ 剩餘合力）

$$T_D = -ma + mg$$

D的答案

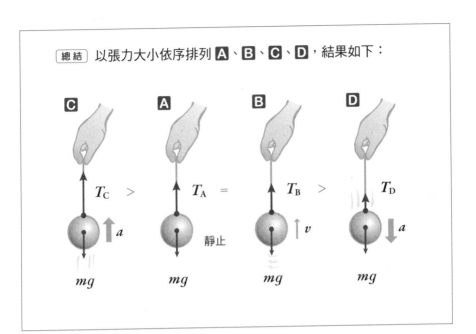

總結 以張力大小依序排列 **C**、**A**、**B**、**D**，結果如下：

T_C > T_A = T_B > T_D

從這個問題，我們知道要觀察物體運動時，必須先將物體歸類，是屬於「靜止 or 等速」或「加速」的哪一類。

各位辛苦了，本書最重要的部份上完了！接著我們要學習其他力學知識，包括「作用力與反作用力定律」、「細繩法則」，來挑戰大學學測考題。

以牙還牙！
作用力與反作用力定律

接著再練習一些「力的找尋法」吧。

練習題 **8**

如圖所示，在質量 M 的物體 **B** 上，放著質量 m 的物體 **A**。

請針對 **A**、**B**、**A**＋**B** 分別畫出作用於物體的所有力，並以算式說明「力的平衡」。

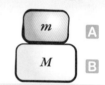

練習題 **8**

【解答與解說】

A 受到的力

根據「力的找尋法 123」可得以下結果，

假設「**B** 對 **A** 往上推的力」為 f_{BA}。由於 **A** 靜止不動，表示靜力平衡，故可得以下結果，

$$f_{BA} = mg$$

$$(\uparrow 向上力 = \downarrow 向下力) \quad \boxed{答案}$$

B 受到的力

　B 上面放著 A ，下面接觸地面。請想像 B 物體的狀態。

　想像你躺在地板上，然後在肚子上放個寶特瓶。肚子會在地板與寶特瓶之間受壓擠而疼痛。QQ 糖也一樣，會被地面與重物包夾而壓得扁扁。

壓扁！

QQ 糖被上下夾扁 ⟷ 上下皆有受力

讓我們來畫出力：

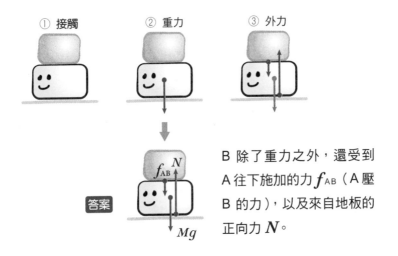

① 接觸　　② 重力　　③ 外力

答案

B 除了重力之外，還受到 A 往下施加的力 f_{AB}（A 壓 B 的力），以及來自地板的正向力 N。

　B 處於靜止狀態，故力為平衡狀態。

$$N = f_{AB} + Mg$$

（ ↑ 向上力 = ↓ 向下力）　答案

A + **B** 一起受到的力

最後來看看 **A** + **B** 所受到的力。

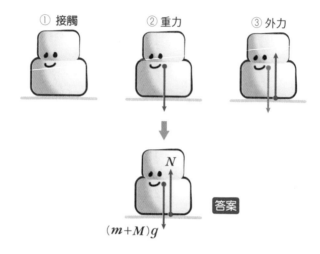

只有重力與正向力，故「力的平衡」算式如下：

$$N = (m+M)g$$

$$\left(\updownarrow \text{向上力} = \updownarrow \text{向下力} \right) \quad \boxed{\text{答案}}$$

只要站在物體的角度上，就能看見所有受力。這是觀察的關鍵。

在此，我們要探討作用於 **A** 的力 f_{BA}，以及作用於 **B** 的力 f_{AB}。如下所示，f_{BA} 是「**B** 推 **A** 的力」，f_{AB} 是「**A** 推 **B** 的力」。大小相同，但方向相反。

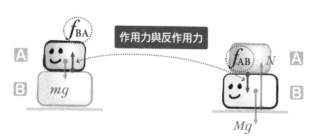

這兩股力息息相關。如果把 A 拿起來，f_{BA}、f_{AB} 便會同時消失。

其實所有的力（稱為作用力），都必定具有大小相等，方向相反，成雙成對的反作用力，但作用在不同的物體上。這就是「牛頓三大運動定律」的第三定律「作用力與反作用力定律」。

這裡的重點在於，力的平衡僅觀察單一物體，但作用力與反作用力則必須分別站在 A、B 的角度觀察，才能發現。

再看一個例子。請探討下圖A 小弟用頭撞 B 小弟的頭，會是何種狀況。

不用說，頭被撞的 B 小弟，
頭一定會很痛。

但是站在 A 小弟的角度來看，就知道撞別人的頭，自己的頭也一定會痛。這是因為 A 小弟對 B 小弟施加多少力（作用力），就有一樣大的力（反作用力）反彈回來。

將兩者畫在一起，便如右圖所示。

分別站在兩者角度，才能確認作用力與反作用力。

如果只是站在單方面的角度來看，便看不見另一股力。所謂設身處地，在物理上也一樣適用。

 「力的平衡」與「作用力與反作用力定律」兩者容易混淆，請再確認一次兩者的差異。

目前我們已經看完了牛頓三大運動定律，以下做個總結。

● 牛頓三大運動定律

① 慣性定律 ……………………… 【關鍵字】 等速、靜止、力的相互抵消

② 運動方程式 ………………… 【關鍵字】 加速、$ma = F$

③ 作用力與反作用力定律 …… 【關鍵字】 作用力、反作用力

專欄❸

重力的反作用力

重力不需接觸物體就能造成影響,十分神奇。如作用力與反作用力定律所述,任何力都必定存在反作用力,重力自然也不例外。

重力是「地球牽引物體的力量」。想找出反作用力,只要交換下面的主體與受體即可。

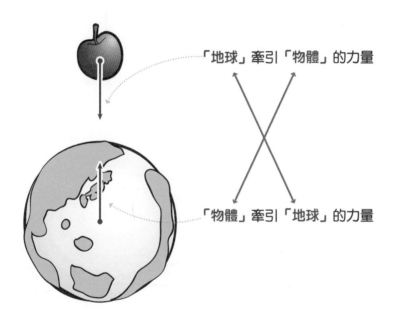

「地球」牽引「物體」的力量

「物體」牽引「地球」的力量

反作用力就是「物體牽引地球的力量」,是的,其實物體同時也在牽引地球。兩個具有質量的物體會互相牽引,這種力稱為「萬有引力」。

細繩法則

物理試題中經常出現「細繩」，細繩是種特別的存在，並有著神奇的法則。

細繩法則

拉緊的細繩，無論進行何種運動，雙邊都將以同樣大小的力拉扯物體。

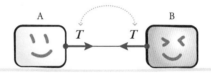

為何會成立這樣的法則？

〈證明〉

以細繩連接物體 A 與物體 B，再以力 F 拉扯物體 B。此時物體 A、B 分別受到如下圖的作用力影響（請用「QQ 糖法」找出所有力）。

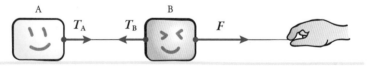

※物體 A、B 還分別受到重力與正向力，但此處先省略不提。

此時，無論物體做何種運動，細繩的張力 T_A、T_B 大小必定相同（$T_A = T_B$）。

 「為什麼？」

請幫細繩畫上臉，站在直線的角度，觀察細繩受到哪些作用力。

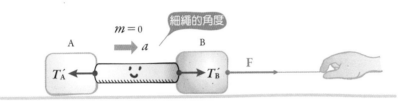

如上圖所示，細繩受到前方物體 B 拉扯（T_B'），又拉扯後方物體 A，等於也被物體 A 拉扯（T_A'）。在物理試題中，前提是假設「可忽略細繩重量（$m = 0$）」。這點非常重要！

根據以上事實，可列出加速度 a，右向為正的細繩運動方程式如下：

$$ma = T_B' - T_A'$$
$$(ma = 合力)$$

細繩質量為 0，故將 0 代入算式中可得以下結果

$$0 = T_B' - T_A'$$
$$T_A' = T_B'$$

$$(\longleftarrow 向左力 = \longrightarrow 向右力)$$

證明無論物體做何種運動，$T_A{}'$ 與 $T_B{}'$ 大小皆相同。

而且如下圖所示，$T_A{}'$ 與 T_A，$T_B{}'$ 與 T_B，分別為作用力與反作用力之關係，故兩者大小相同。

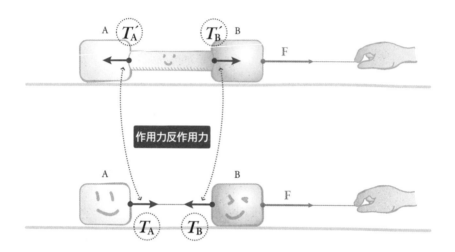

因此無論進行何種運動，都會因為細繩質量為 0，而使細繩兩端之力（T_A 與 T_B）大小相同。

讓我們運用前面所學到的知識，挑戰大學學測考題。

如圖所示，以細繩連接質量 m 之物體 A 與質量 M 之物體 B，並以圖中之狀態固定不動。當放開之後，兩個物體便開始移動。假設重力加速度為 g，請回答以下問題。在此，忽略細繩之質量，且假設滑輪旋轉時無阻力，並且忽略物體 A 與水平地面間的摩擦力。

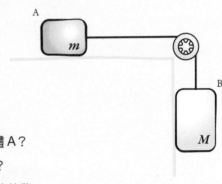

問1 細繩以多少力拉扯物體 A？

問2 物體 A 之加速度為何？

問3 求出物體 A 於 3 秒後的位移。

────── 2001年度日本學測考題（修改版）──●

　大家知道這個出題者在考驗我們哪些知識嗎？問題 1、問題 2 是考驗對「力的平衡」與「運動方程式」的理解，問題 3 則考驗對「等加速度運動三公式」的理解。

　請以「四色筆 123」開始做解題準備。

① **邊看問題內文，邊以「藍色」標出關鍵的數字與符號。**

　在有提供符號的問題中，最後解題答案絕對不可使用問題提供符號以外的符號。因此請將問題中出現的符號標上藍圈，用以檢查最後答案。這個問題中要標記的符號有 **m**、**M**、**g**。

② **關鍵名詞畫上「綠色」底線。**

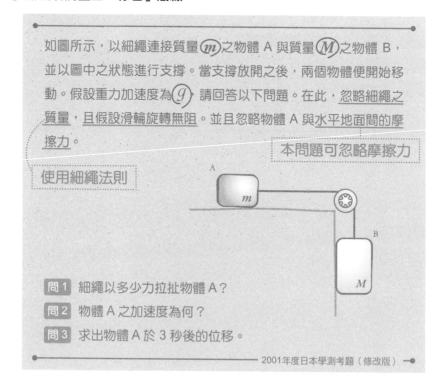

如圖所示，以細繩連接質量 m 之物體 A 與質量 M 之物體 B，並以圖中之狀態進行支撐。當支撐放開之後，兩個物體便開始移動。假設重力加速度為 g，請回答以下問題。在此，忽略細繩之質量，且假設滑輪旋轉無阻。並且忽略物體 A 與水平地面間的摩擦力。

本問題可忽略摩擦力

使用細繩法則

A

m

B

M

問1　細繩以多少力拉扯物體 A？

問2　物體 A 之加速度為何？

問3　求出物體 A 於 3 秒後的位移。

2001年度日本學測考題（修改版）

③ 用「黑色」畫圖計算，用「紅色」訂正解答。

接著請一邊畫圖，一邊解題。

問1 問2

問題 1 的答案並非 Mg。一定有人會回答 Mg。請仔細觀察物體運動狀態，別掉入陷阱中。

我們可以依照以下步驟解出力與運動的問題。

力與運動123

❶ 畫出所有力

❷ 看清運動真相

❸
靜止・等速
力的平衡
（左＝右）

❹
等加速度
運動方程式
（ma＝合力）

① **畫出所有力。**

這次要觀察的物體為 A 與 B 兩者。請分別觀察 A 與 B，畫出所有作用力（請參考「力的找尋法 123」）。

畫出來是否與下圖相同？畫這圖有兩個重點。第一是根據「細繩法則」，細繩兩邊的張力相同，以符號 T 表示。第二點，A 與 B 在細繩連接的情況下運動，故加速度同樣為 a。請盡量減少自己所設定的新符號（本題僅使用 T 與 a）。

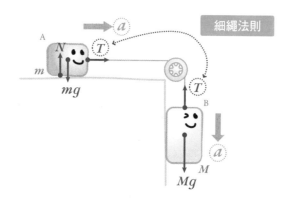

② **看清運動真相。**

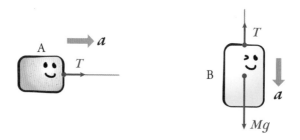

解除支撐之後，A 與 B 便開始運動。從靜止到開始運動，故為加速度運動！

③ 靜止・等速 ➡ 力的平衡，等加速度 ➡ 運動方程式。

物體進行加速運動，代表加速方向必定有分力。我們要列出各物體所屬的運動方程式（$ma = F$），以加速度方向向為正。

對 A　　　　　　　　$ma = T$　　　　　…(i)
　　　　　　　　　（ma =合力）
對 B　　　　　　　　$Ma = Mg - T$　　　…(ii)
　　　　　　　　　（ma =合力）

這裡對 B 要補充說明，由於 B 是往下（A 往右方，但 B 則藉由滑輪改變細繩方向）加速，故必有往下之分力。因此往下的 mg 扣除往上的 T，剩下的力（合力）放在等號右邊。

在此標出問題中所提供的符號，以圓圈虛線 ◯ 來表示。

$$m a = T \qquad …(i)$$
$$M a = M g - T \qquad …(ii)$$

沒有畫圈 ◯ 的 a 與 T 是自訂的符號。將算式 (i) 與 (ii) 聯立求出 T 與 a（請嘗試自行計算），可得以下結果。

$$T = \frac{Mm}{M+m} g \qquad \boxed{\text{問 1 的答案}}$$

$$a = \frac{M}{M+m} g \qquad \boxed{\text{問 2 的答案}}$$

在進行純符號運算時，請務必搞清楚要求哪些符號，再行解題。

問3 求出物體 A 於 3 秒後的位移。問 2 已經求出了加速度 a，故可將加速度 a 代入「等加速度運動三公式」的「距離公式」中。

根據「等加速度運動 123」可得以下結果。

$$a = \frac{M}{M+m} g \ 、\ v_0 = 0 \ 、\ x_0 = 0$$

將以上結果代入距離公式，可得以下結果。

$$x = \frac{1}{2} a t^2 + v_0 t + x_0 = \frac{1}{2} \left(\frac{M}{M+m} g \right) t^2 + 0 \times t + 0$$

$$= \frac{Mg}{2(M+m)} t^2$$

要求物體 3 秒後之位置，代入 $t = 3$，得到

$$x = \frac{9M}{2(M+m)} g$$

問3的答案

總結

此題必須以運動方程式求出加速度 a，將加速度代入「等加速度運動三公式」中，求出距離 x 與速度 v，算是相當常見的題型。

運動方程式

求出 a

等加速度運動三公式

接著，我們要來看可以用於各種狀況的「力的分解」，以及其他兩種很重要的力：「彈簧力」和「摩擦力」。

斜面上的物體運動

請想像滑雪橇或滑雪板，從入門路線晉級到高手路線的情況。高手路線坡度較陡，速度較快，令人心驚膽顫。為什麼坡度越陡，速度就越快呢？

假設在某個角度 θ 的斜面上，放置質量 m 的物體。根據「力的找尋法123」，可知物體受到以下的作用力。

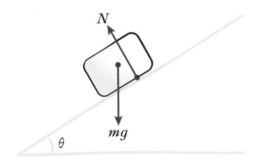

圖中並沒有顯示出沿著斜面方向作用的力，因此令人難以明白物體為何會下滑，所以我們要試著將力分解。

力的分解123

　　速度、加速度、力等以箭頭表示的量（稱為向量），都可以進行組合或分解。

　　例如下圖所示，以水平向上 30°，大小 5N 的力量拉動某輛台車。此時台車會開始移動，但加速度會比直接以水平 5N 力量拉動台車時要小。為何會這樣呢？

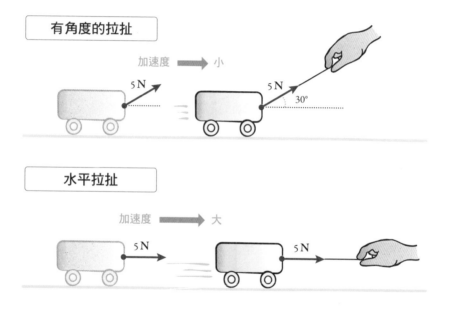

　　讓我們分解力的移動方向來探討這個問題。

力的分解123

① 設定移動方向為 x 軸，並設定與 x 軸垂直之 y 軸。

② 從箭頭前端，分別畫出垂直於 x 軸、y 軸之垂線。

③ 於垂線與軸之交點畫出新的力。

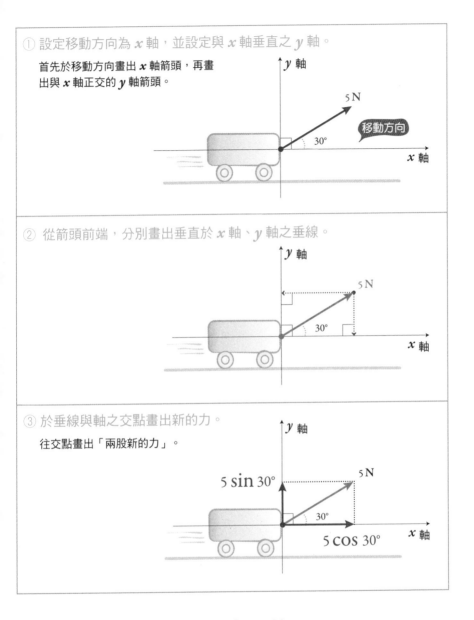

① 設定移動方向為 x 軸，並設定與 x 軸垂直之 y 軸。

首先於移動方向畫出 x 軸箭頭，再畫出與 x 軸正交的 y 軸箭頭。

② 從箭頭前端，分別畫出垂直於 x 軸、y 軸之垂線。

③ 於垂線與軸之交點畫出新的力。

往交點畫出「兩股新的力」。

如此便完成了。這個動作稱為力的「向量分解」。

在求力的大小時，x 軸方向會出現 cos，y 軸方向會出現 sin 符號。我們可以用簡單的三角函數求出這兩個值。

對角度 θ 的力的分解會經常出現，請務必牢記。

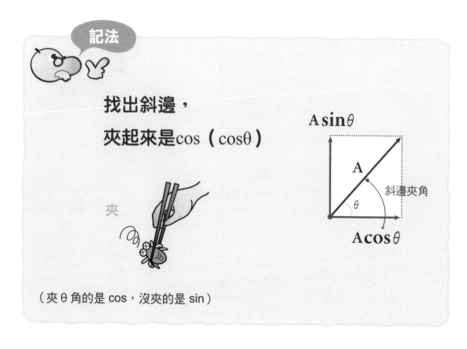

記法

找出斜邊，
夾起來是cos（cosθ）

夾

（夾 θ 角的是 cos，沒夾的是 sin）

A sinθ

A

斜邊夾角

θ

Acosθ

　　觀察分解後的力，發現台車受到右向力的作用，因此往右方做加速度運動。但是力有一部份分解往上，因此右向的力成為 5 cos30°（cos30°為 $\frac{\sqrt{3}}{2}$），約為 4.3N，比 5N 小了一些。因此施加傾斜 5N 力所產生的加速度，比施加水平 5N 力的加速度要小。

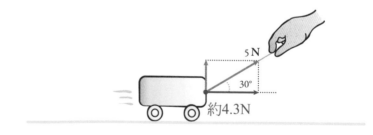

5 N

30°

約4.3N

斜面上的物體運動

回到斜面問題上,讓我們試著做力的分解。

「要分解力啊。好,先來做軸⋯」

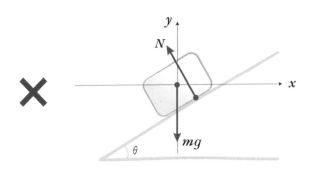

「等一下!要像下面這樣分解才對」

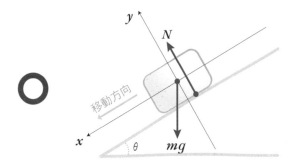

　　放在斜面上的物體,必定會沿著斜面往下滑。分力存在於運動方向上,因此軸要與斜面平行。讓我們用這個座標軸來分解對軸傾斜的重力 mg。

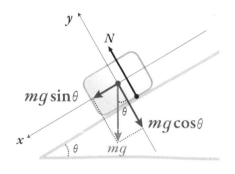

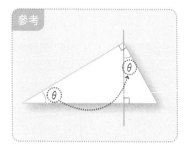

　　請注意 θ 的位置。如右上角的圖所示，根據直角三角型相似定理，兩 θ 角相等。根據「夾起來是 cos」，斜邊 mg 與斜面夾 θ 角，因此垂直於斜面方向的力為 $mg\cos\theta$，平行於斜面方向的力為 $mg\sin\theta$。

　　斜面力的分解很常用，因此不妨記住平行於斜面方向的力為 $mg\sin\theta$，垂直於斜面方向的力為 $mg\cos\theta$。

　　物體不會往垂直於斜面的方向（y 軸方向）移動。因此力相互抵消平衡，得到以下結果。

記法

寫真
（斜sin）

斜面方向為sin

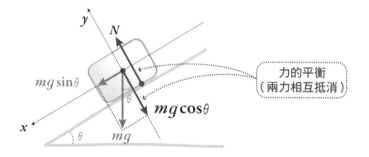

力的平衡
（兩力相互抵消）

$$N = mg\cos\theta$$

（↘垂直於斜面方向往上的力 ＝ ↘垂直於斜面方向往下的力）

觀察平行於斜面的力，可知為 mg 的分力 $mg\sin\theta$。分力會使物體加速。加速就要使用運動方程式。將分力代入運動方程式中，得到以下結果。

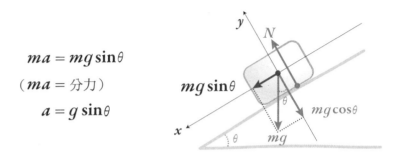

$$ma = mg\sin\theta$$
$$(ma = 分力)$$
$$a = g\sin\theta$$

因此放在斜面上的物體，會以加速度 $g\sin\theta$ 往斜面下方加速。

下圖表示 $\sin\theta$ 函數，當 θ 在 $0° \sim 90°$ 之間，θ 角度越大，$\sin\theta$ 也越大。

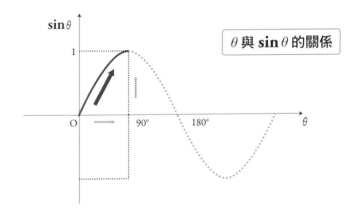

θ 與 $\sin\theta$ 的關係

因此斜面角度 θ 越大，加速度 $g\sin\theta$ 便越大。畫成下一頁的圖，便可得知斜面往下的力 $mg\sin\theta$ 如何增加。

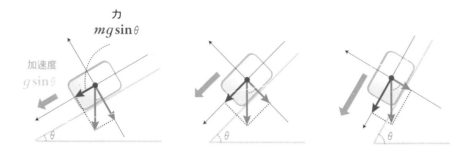

力
$mg\sin\theta$

加速度
$g\sin\theta$

　試著探討兩個極端的例子。將物體放在 0° 的平面上，則 $\sin\theta$ 為 0，加速度為 $\boldsymbol{a} = \boldsymbol{g} \times \sin 0° = 0$，物體靜止不動。若斜面為 90°，則 $\sin\theta$ 為 1，加速度 $\boldsymbol{a} = \boldsymbol{g} \times \sin 90° = \boldsymbol{g}$，這就不是斜面滑行，而是自由落體了。

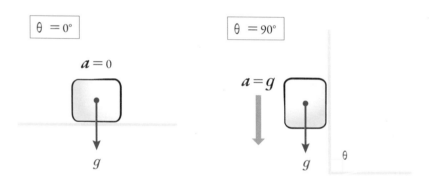

$\theta = 0°$

$a = 0$

g

$\theta = 90°$

$a = g$

g

θ

彈簧的力

彈簧尚未受到任何作用力時的長度，稱為自然長度（原長）。當我們拉彈簧，它就收縮，若是壓彈簧，它便彈起，因為彈簧會設法恢復自然長度。

彈簧的力可用以下算式表示。

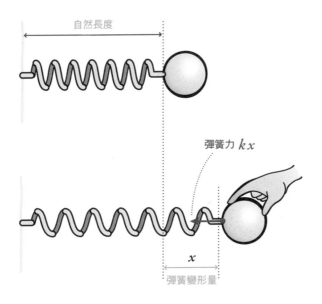

自然長度

彈簧力 kx

x

彈簧變形量

公式
$$F = k \times x$$
（彈簧力 F ＝ 彈簧係數 k × 彈簧變形量 x ）

其中 k 稱為「彈簧係數」，根據彈簧的粗細種類而有所不同。而 x 則表示「彈簧變形量」。

如下所示，壓縮彈簧時，施力方向與拉扯時相反，但公式不變。

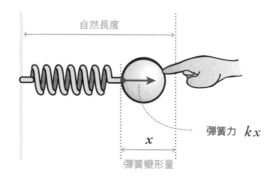

摩擦力

摩擦力存在於我們的生活環境中，相信各位一定都有印象。一般人很難正確理解摩擦力，但學測或推甄卻經常出現摩擦力考題。為何摩擦力難以理解？因為摩擦力的大小與方向，會隨著不同情形而發生改變。

摩擦力大小會不停改變

各位是否有過這樣的經驗？

假設你正在拖一件行李，但是不論怎麼出力，就是拉不動。於是你請一位朋友幫忙推，終於拉動了行李。神奇的是，當開始拉動行李之後，即使不靠朋友幫忙，自己一個人也拉得動了。

由上述範例可以得知，摩擦力會不斷變化。讓我們透過簡單的實驗，來體驗摩擦力的變化。

　　請準備兩條橡皮筋，如下圖般綁成一條。然後拿一本有些重量的書，翻到正中央，套上其中一邊的橡皮筋，並以手抓住橡皮筋的另一邊（如圖所示）。

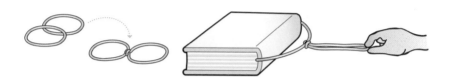

　　「橡皮筋伸長量」與彈簧原理相同，對「施力」成正比。施加外力越大，橡皮筋伸長量也越大。接著請將書放在桌上，輕輕拉扯橡皮筋。一開始，書本必然一動也不動。

橡皮筋的伸長變化

不動

　　接下來請一點一點增加拉力吧。拉力越大，橡皮筋伸長量也越大。就這樣慢慢拉到某個極限緊繃狀態時，書本便瞬間動了起來。若各位觀察橡皮筋的伸長量，可以發現原本拉長的橡皮筋，在拉動書本的瞬間，會突然縮短。

　　這個實驗也讓我們了解摩擦力大小會隨狀況而改變。

緊繃 緊繃

拉～

還差一點

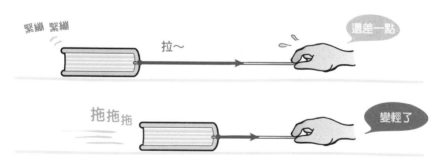

拖拖拖

變輕了

摩擦力圖

　　將104頁作用於物體（書本）的摩擦力畫成圖表，便如下所示。圖中「摩擦力」為縱軸，「施加外力」為橫軸。

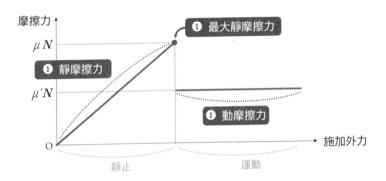

　　由圖可見摩擦力分為「① 靜摩擦力」「② 最大靜摩擦力」「③ 動摩擦力」三種。

① 力的互相作用「靜摩擦力 f」

　　在物體靜止的期間，物體摩擦力會與外力等比增加。若以 1N 拉扯，摩擦力也會以反向的 1N 拉回去。若以 3N 的力拉扯，摩擦力便以 3N 拉回去。

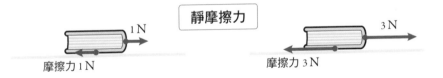

　　由於「靜止」狀況符合「力的平衡狀態」，故摩擦力大小必定與施加外力相等，而且作用方向相反。

　　靜摩擦力會由於外力而不斷變化，請注意這一點。

② 一瞬間的「最大靜摩擦力 f_{max}」

　施力越來越大，摩擦力也越來越大。當兩者超過一個極限，物體便開始移動，這個極限摩擦力便稱為最大靜摩擦力。最大靜摩擦力 f_{max} 可寫做以下公式。

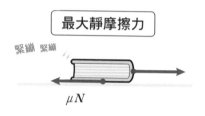

> **公式**
>
> $$f_{max} = \mu N$$
>
> （最大靜摩擦力 f_{max} ＝ 靜摩擦係數 μ × 正向力 N）

　μ 為羅馬字母，只是個單純的符號，不必緊張。之後會提到，靜摩擦係數 μ 與地面狀態有關。

③ 守恆的「動摩擦力 f'」

　接著來探討開始移動之後的狀況。我們已經知道，物體開始移動之後，施力便小於最大靜摩擦力。此時的摩擦力稱為動摩擦力 f'，可寫成以下公式。

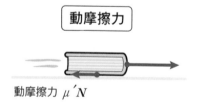

> **公式**
>
> $$f' = \mu' N$$
>
> （動摩擦力 f' ＝ 動摩擦係數 μ' × 正向力 N）

動摩擦力永遠為定值，數值為 $\mu'N$。μ' 稱為動摩擦係數，比靜摩擦係數 μ 要小。

摩擦力公式的意義

・μ 與 μ' 的意義

假設有光滑地面與粗糙地面兩種，則粗糙地面的摩擦力較大，在上面拉動物體需要更大的力。

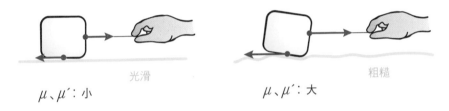

光滑　　　　　　　　　　　　　　　　粗糙

μ、μ'：小　　　　　　　μ、μ'：大

地面越光滑，μ 與 μ' 越小；地面越粗糙，μ 與 μ' 越大。μ 與 μ' 係數，決定地面與物體的相對關係。

・N 的意義

我們從生活經驗中得知，物體越重越難移動，代表物體越重摩擦力越大。但是最大靜摩擦力公式與動摩擦力公式，並沒有用到代表物體重量的重力 mg，而是使用了正向力 N。這是因為摩擦力的關鍵在於物體與地面的接觸。

請想像遊樂場裡面的空氣曲棍球遊戲。如果沒有投幣起動，就算敲擊遊戲台上的黑色圓盤，它也跑不遠。因為圓盤會受到動摩擦力 $\mu'N$ 的作用而快速停止。

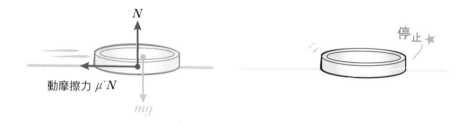

但當你投幣啟動電源，機器吹出空氣，圓盤便能持續滑行。

　　這是因為從遊戲台表面往上吹的空氣減少了正向力 N，進而降低摩擦力 $\mu'N$ 之故。正向力 N 表示物體與地面的「緊密程度」，摩擦力的關鍵，就在於物體與地面接觸的緊密程度。

摩擦力方向會不停改變

　　接著來探討「摩擦力的方向」。

　　假設有某種摩擦力係數的粗糙斜面，斜面上放置物體。如右圖所示，摩擦力會沿著斜面往上作用，阻止物體下移，使物體維持靜止狀態。

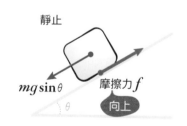

請記住，摩擦力就是阻止物體運動的力。

讓我們試著以沿斜面往上方的小力 $F_小$，以及大力 $F_大$ 拉扯看看。

以小力 $F_小$ 拉扯時

以小力 $F_小$ 拉扯時，摩擦力依然沿著斜面上方作用，但比施力拉扯之前要小。由於物體維持靜止，斜面方向達成力的相互抵消，可成立以下算式。

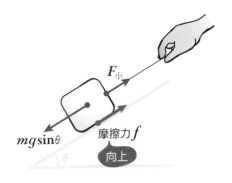

$$mg\sin\theta = f(摩擦力) + F_小$$

$$(\text{／沿斜面向下的力} = \text{／沿斜面向上的力})$$

此時相當於以力 $F_小$ 與摩擦力來支撐物體。

以大力 $F_大$ 拉扯時

接著使用比 $mg\sin\theta$ 更大的力 $F_大$ 來拉扯物體。

假設施加力 $F_大$ 之後，物體便開始移動。摩擦力會往阻止物體運動的方向作用，故此時會沿著斜面往下作用。

假設物體靜止，斜面方向達成力的相互平衡，可成立以下算式，

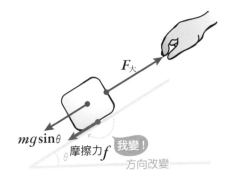

$$mg\sin_\theta + f_{(摩擦力)} = F_大$$

$$(\nearrow 沿斜面向下的力 = \nearrow 沿斜面向上的力)$$

可見摩擦力的「大小」與「方向」都會不斷改變。

解出摩擦力

讓我們試著解出摩擦力，確認自己懂了沒。

練習題 9

　將質量 5 kg 的物體放在粗糙地面上。假設靜摩擦係數 0.8，動摩擦係數 0.2，請回答以下問題。

問 1 以細繩連接此物體，施加往右 3N 的力進行拉扯，物體並未移動。請求出此時作用於物體之摩擦力的大小與方向。

問 2 對此物體施加往左 6N 的力進行拉扯，物體並未移動。請求出此時作用於物體之摩擦力的大小與方向。

問 3 請問該對物體施加幾 N 以上的力，才會開始移動？

問 4 對物體施加大於問題 3 的力，物體便開始移動。請問移動中，對物體作用的摩擦力大小為何？

請先思考一下，每個問題所問的摩擦力，屬於下面圖表中的哪個部份。

【解答與解說】

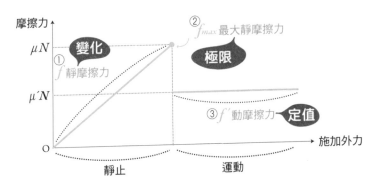

如果有人認為「物體靜止不動，可以套用公式 μN」那就答錯了！物體雖然沒有移動，卻也不屬於即將移動前的狀態。因此求的是圖中的 ① 靜摩擦力。此時「摩擦力」相當於拉動物體的「拉力」，且方向相反。因此答案是往左 3N。 問1的答案

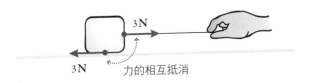

問 2 與問 1 相同，物體都靜止不動，因此也屬於圖中的 ①靜摩擦力。但問題 2 中，物體拉扯方向與問題 1 相反，向左拉，因此摩擦力向右作用。答案是向右 6N。 問2的答案

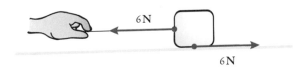

問3 本題問的是物體即將開始運動之前的力，因此屬於圖表中的 ②最大靜摩擦力。用「最大靜摩擦力公式」，可得到摩擦力 $f = \mu N$。

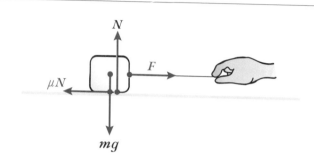

由上圖可得知以下算式，

$$\mu N = F \qquad \cdots (i)$$

（ ◄——► 向左力 ＝ ●——► 向右力 ）

$$N = mg \qquad \cdots (ii)$$

（ 向上力 ＝ 向下力 ）

將算式 (ii) 的 N 代入算式 (i) 中，求得 F 如下：

$$F = \mu(mg) = 0.8 \times 5 \times 9.8 = 39.2 \text{ (N)}$$

問3的答案

問4 作用於移動物體上的摩擦力，屬於圖表中的 ③動摩擦力。將問題 3 算式 (ii) 所求出的正向力 N，代入「動摩擦力公式」中，可得以下結果。

$$F = \mu'N = \mu'(mg) = 0.2 \times 5 \times 9.8 = 9.8 \text{ (N)}$$

問4的答案

在第二堂課尾聲,讓我們來解一個摩擦力問題。

如圖所示,天花板固定有滑輪 A。水平地面上放置了質量 M 的小物體 B,B 以不會伸縮之細繩連往滑輪,細繩另一端則吊掛裝有沙子的容器 C。

一開始,容器 C 與沙子的總質量為 m,細繩與地面之夾角為 θ,之後在容器 C 中增加沙子,提高質量,小物體 B 便開始往地板右邊滑動。

假設小物體 B 與地面之間的靜摩擦係數為 μ,重力加速度大小為 g。細繩與滑輪之質量可忽略,滑輪轉動平順。請回答以下問題。

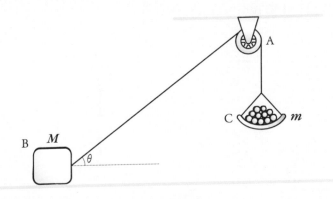

問1 一開始小物體 B 與容器 C 皆為靜止時,請問地面對 B 施加的摩擦力 f 大小為何?

問2 在容器 C 中加入沙子,使小物體 B 開始運動的瞬間,容器 C 與沙子的總質量為何?

── 2005年度日本學測考題(修改版)─

請拿出「四色筆 123」預備。

問題中提到「小物體 B 與地面之間的靜摩擦係數為 μ」。請各位如下圖所示，在地面加上斜線，看起來更有摩擦力的感覺。

[問1] 請用「力與運動 123」的順序來解題。

① 畫出所有力。

請畫出作用於物體 B 與容器 C 的所有力。

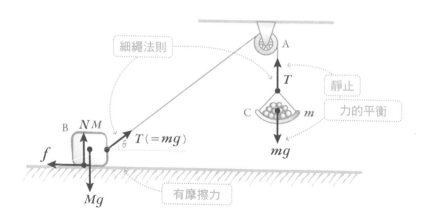

② 看清運動真相。

物體 B 與容器 C 皆為靜止狀態。

① 靜止・等速 ➡ 力的平衡，等加速 ➡ 運動方程式。

　　由於物體靜止，以「力的平衡」進行探討。由於力的平衡，作用於容器 C 的張力 T 等於 mg，根據「細繩法則」，作用於物體 B 的張力 T 等於 mg。

　　接著來探討作用於物體 B 的所有力。如下圖所示，對水平面傾斜的 mg 可分解為水平方向與垂直方向的兩股分力。

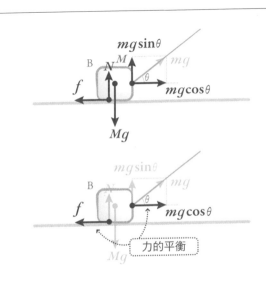

由於左右的力大小相等、互相抵消，故摩擦力 f 大小如下：

$$f = mg\cos\theta$$

問1的答案

（ ⟵● 向左的力 ＝ ●⟶ 向右的力 ）

「物體在靜止狀態下要套用 $f = \mu N$！這是錯的，別再犯囉。」
靜摩擦力會依受力情況不斷改變，請務必注意。

問2 題目說「開始運動的瞬間」,這便是重點。題目問的是由靜到動的瞬間摩擦力,也就是最大靜摩擦力 $f_{max} = \mu N$。由於沙子的分量增加,故假設增加後的質量為 m',並將 f 代入最大靜摩擦力值 μN。

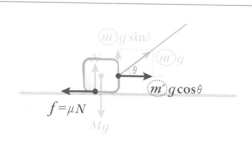

在開始運動的前一瞬間,物體依然靜止。因此可寫成左右作用力互相抵消的算式:

$$\mu N = m'g \cos\theta \qquad \cdots (i)$$

(⟵ 向左的力 = •⟶ 向右的力)

算式中的 N 是我們自訂的符號,並不存在於問題中。因此必須把 N 換成問題中準備的其他符號。

 「那把 N 代入 Mg 就好啦!」

 「等一下!這一題的 N 可不等於 Mg 喔!」

請看上下方向的力的平衡算式，

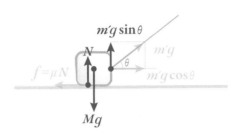

$$m'g \sin\theta + N = Mg$$

（ ↕ 向上的力 ＝ ↕ 向下的力 ）

因此得 N 如下：

$$N = (M - m' \sin\theta)g \qquad \cdots \text{(ii)}$$

將算式 (ii) 的 N 代入算式 (i)，求得 m' 如下：

$$m' = \frac{\mu}{\mu \sin\theta + \cos\theta} M$$

問2的答案

第二堂課總整理

處於靜止・等速運動狀態的物體
以「力的平衡」來解題！

力的平衡就是…

⟵ 向左的力 ＝ •⟶ 向右的力

↕ 向上的力 ＝ ↓ 向下的力

處於加速運動狀態的物體，
一定有分力存在！

把力都相加起來，
代入「運動方程式」！

小心摩擦力！
它的方向與大小會不斷改變喔！

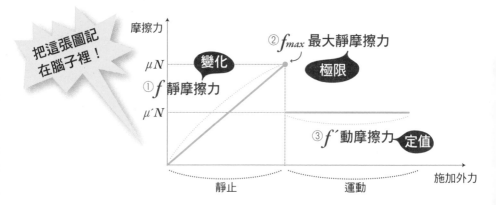

把這張圖記
在腦子裡！

摩擦力

②f_{max} 最大靜摩擦力

變化

極限

μN

①f 靜摩擦力

$\mu' N$

③f' 動摩擦力 定值

靜止

運動

施加外力

第三堂課

能量捉迷藏
能量守恆

找出所有能量，
寫成等式吧！

起點

1 等加速度運動

2 運動方程式

3 能量

終點

前言

「今天做功課好累喔～」
「肚子餓到沒力了，能量耗盡啦！」

　　日常生活中充滿了功與能量。但是在物理學中，功與能量的定義與常用定義卻不同。

功與能量

物理的「功」

　　假設你請搬家工人來搬桌子。工人們用盡全力，沉重的桌子卻動也不動。這時，工人對你說。

　　「我已經很努力了，請付錢吧。」

　　你會怎麼回答？

　　「你根本沒作功！我才不會付錢！」

　　在物理學上，功的定義如下。

$$W = Fx \, [\mathrm{J}]$$

（功 W ＝ 施力 F ×位移 x）

　　也就是說，功表示「用多少力移動了多少距離」。以搬家的例子來說，不管多麼用力推拉物體，物體只要不動，功便為 0，沒有動就不算做功。功的單位為 J（焦耳）。

正功、負功

　　功可分為正功與負功。請看下圖介紹。

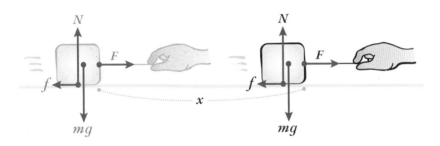

　　圖中表示以力 F 不斷拉扯物體，移動了距離 x。物體並同時受到重力 mg，正向力 N，摩擦力 f 等作用力。

　　手對物體施加的力 F，使物體移動了距離 x。這種使物體移動的功稱為「正功」。計算式如下：

手施力 F 所做的功 ＝ $+F \times x$

另一方面，摩擦力的作用方向與移動方向相反，在物體位移 x 內皆然。這種妨礙物體移動的力，做功便稱為「負功」。計算式如下。

$$摩擦力 f 所做的功 = -f \times x$$

重力 mg 與正向力 N 在做甚麼呢？由於這兩者朝向與移動方向完全無關的垂直方向，因此這兩股力不算在做功。功為 0。

$$重力\ mg、正向力\ N 所做的功 = 0 \times x = 0$$

假設如右圖所示，有人以向上的力 F 提著公事包，並往水平方向走了距離 x。以平常的觀感來看，會認為 F 有做功。但事實上由於 F 作用於垂直方向，與移動方向垂直，因此並沒有做功。

因此觀察功時，必須注意「力與移動方向的關係」。

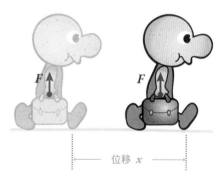

位移 x

力的方向	功
與移動方向相同	正
與移動方向相反	負
與移動方向垂直	0

何謂能量？

接著我們來探討能量。

> 假設你跟朋友正在玩傳球。你全力投出一球，朋友接到球的瞬間，竟然因為球的威力而在地面上滑行。當朋友終於擋下球，已經從接球地點移動了 x（m）。

運動中的物體，可以對其他物體施力，也就是做功。

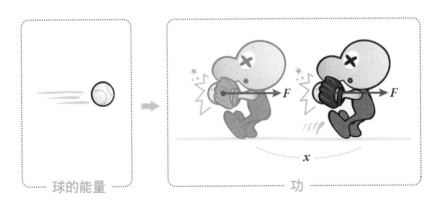

這種「對其他物體做功的能力」就稱為「能量」。

高中會學到的能量包括「❶動能」「❷位能」「❸彈力位能」三種。讓我們依序探討其內容。

① 速度就是「動能」

根據傳球的例子，移動物體能夠做功，因此具有能量。運動的物體所具有的能量稱為「動能」。

$$\boxed{\text{運動 } E} \implies \boxed{\text{動能}}$$

※能量以 E 表示。

動能可寫為以下的公式。

公式

$$\text{動能} = \frac{1}{2}mv^2\,(\text{J})$$

（動能 $= \frac{1}{2} \times$ 質量 $m \times$ 速度 v 的平方）

速度 v 越大，物體具備的動能就越大，也能夠做出越大的功。能量的單位與功一樣使用 J（焦耳）。

② 高度就是「位能」

　　如下圖所示，將鐵球拿到一定高度之後放手，鐵球就會加速掉落。如果下方有鐵釘，鐵球就會對鐵釘施力，敲下鐵釘，等於對鐵釘做功。

　　這個例子告訴我們，位於高處的物體能夠做出相對的功，代表它具有能量。高處所具備的能量稱為「位能」。

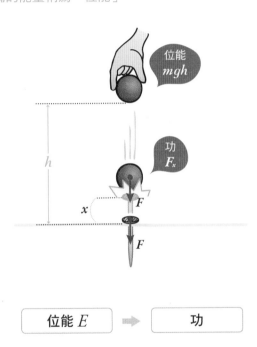

| 位能 E | ➡ | 功 |

位能可寫成以下的公式。

公式　　　　　　**位能 $= mgh$（J）**

（位能＝質量 m ×重力加速度 g ×高度 h）

至於動能與位能的變換方式，請參考「附錄2　動能‧位能」。

・位能會不斷改變！？

　　請任意拿起手邊的一個小東西，例如橡皮擦，舉至一個高度 h（m）。則此物體便擁有 mgh（J）的位能。但對其他人來說，該物體的位能可能是 0，也可能是負值。

 「咦！？為什麼？」

　　請看下圖。

　　對站在地面觀察的人❶來說，一顆質量 m，位於上空 h_1 位置的鐵球，位能為 $+mgh_1$。但對於高度與鐵球相同的猴子❷來說，鐵球的位能便是 0。

為什麼呢？假設鐵球自空中掉落，確實能對地面的鐵釘做功。但是對於高度與猴子相同的鐵釘，鐵球便完全無法做功。

又或者有根鐵釘的高度與飛機❸相同，若希望下方的鐵球對鐵釘做功，則必須將鐵球拿到比飛機更高的空中。結果反而是要對鐵球做功。因此當物體位置比自己的位置更低，功即為負值$-mgh_2$。

可見觀察位置不同，位能也會跟著變化。關鍵在於觀察的基準點。

距離基準點（自己）的高度	位能
更高	正
相同	0
更低	負

③ 彈力 ～「彈力位能」

　　最後來探討的是彈力位能。如下圖所示，若將彈簧壓縮 **x**（m），於該處放一顆球，然後放開彈簧，球便會受到彈簧彈力而往前滾動。因此彈簧只要發生變形量，就能夠做功。彈簧的能量稱為「彈力位能」，可寫成以下公式：

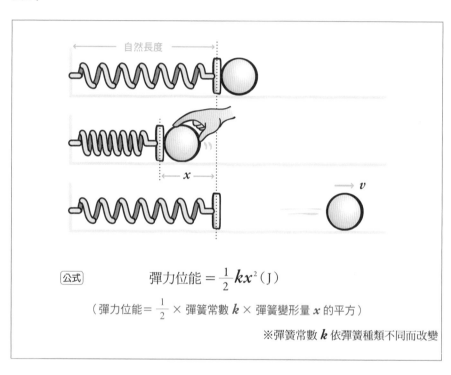

公式　　　　$$彈力位能 = \frac{1}{2}kx^2 \text{（J）}$$

（彈力位能 $= \frac{1}{2} \times$ 彈簧常數 **k** $\times$ 彈簧變形量 **x** 的平方）

※彈簧常數 **k** 依彈簧種類不同而改變

　　請記住以下三個能量公式：

公式

$$動能 = \frac{1}{2}mv^2 \text{（J）}$$

$$位能 = mgh \text{（J）}$$

$$彈力位能 = \frac{1}{2}kx^2 \text{（J）}$$

全部找出來！能量守恆

尋找能量！

接著我們要使用「動能」「位能」「彈力位能」三種能量，來探討「物體具備的所有能量」。請看下一個問題。

練習題 **10**

有人駕駛質量 m 的飛機，以速度 v 飛在離地高度 h 的空中。請求出地面觀察者所觀察到的飛機，共具有多少能量。

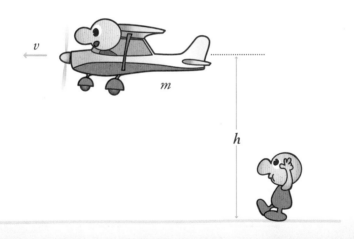

總能量就是「① 動能」「② 位能」「③ 彈力位能」三者的總合。讓我們計算出每種能量的值。

【解答與解說】

① 動能

　　飛機以速度 v 飛行，故動能為 $\frac{1}{2}mv^2$

② 位能

　　飛機以高度 h 飛行，故位能為 mgh

③ 彈力位能

　　本題沒有出現彈簧，故為 0

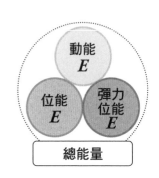

將 ①、②、③ 全部相加

　　總能量 $= \frac{1}{2}mv^2 + mgh + 0 = \frac{1}{2}mv^2 + mgh$ 　

練習題 **11**

　　有一輛台車在無摩擦的水平面上以速度 v 移動。於移動方向施加定力 F，拉動距離 x。請求出拉扯結束之後的台車總能量。在此以水平面為位能基準點。

請使用與練習題10 相同的方法，求出三項能量。

【解答與解說】

① 動能

　飛機以速度 v 飛行，故動能為 $\frac{1}{2}mv^2$

② 位能

　高度無變化，故為0

③ 彈力位能

　本題沒有出現彈簧，故為0

＋α **外力做功**

　當物體受到外力作用時，外力做的功會傳遞至物體。本題中的外力作用於移動方向上，因此做正功＋Fx。請把「①、②、③」與「外力做功」全部相加。

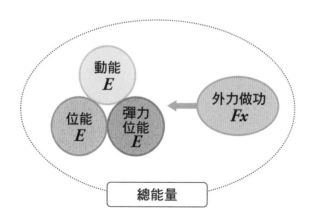

$$總能量 = \frac{1}{2}mv^2 + 0 + 0 + Fx = \frac{1}{2}mv^2 + Fx$$

很多人容易搞混功與能量。能量是物體的速度或高度，也就是「物體本身具有的特質」，相較之下，功與外力 F 有關，因此是「來自外部，或傳至外部的特質」。功與能量的單位都是 J（焦耳），因此可以進行加減運算。

找尋能量時的要點

正在動 $\Longrightarrow$	動能	$\frac{1}{2}mv^2$（J）
有高度 $\Longrightarrow$	位能	mgh（J）
有彈簧 $\Longrightarrow$	彈力位能	$\frac{1}{2}kx^2$（J）
有外力作用 $\Longrightarrow$	功	Fx（J）

能量守恆

接著我們要學習最重要的「能量守恆」，探討「能量」會出現在哪些問題中。

下圖有個餓肚子的人。如果繼續不吃，並不會突然就飽了。

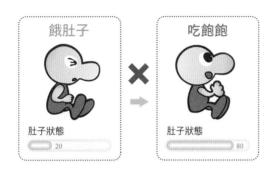

一開始就餓肚子的人，無論經過多久都還是在餓肚子 A。

如果這人突然吃飽，一定有某種原因。比方說如下頁圖所示，偷吃了一個麵包 B。

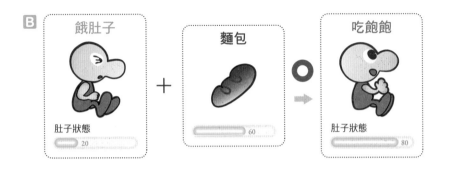

同樣地，若如下圖所示從吃飽的人身上搶走麵包，他就會回到餓肚子狀態。

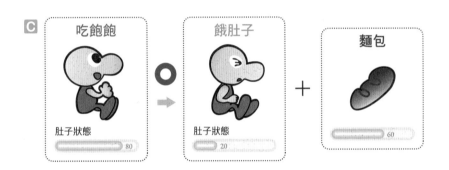

這個例子正好說明了「能量守恆」。

飽足度 ➡ 總能量

麵包 ➡ 功

肚子餓的人不會突然變飽，同樣地，能量也不會憑空出現或消失。就算肉眼看不見，只要用心找，一定會發現。能量可能轉換形態，藏在某個角落，或是接受外來能量（被做功）、對外送出能量（做功）。能量改變必有其原因。這就是「能量守恆定律」。

讓我們針對能量守恆，探討「A 外界不做正負功的情況（沒麵包）」「B 外界做正負功的情況（有麵包）」。

A 外界不做正負功時

> 初始總能量 = 最終總能量

　　假設以向上的初速度 v_0 將蘋果往上
拋，則蘋果一開始便具有動能。隨著蘋果
高度增加，速度會慢慢減少，在最高點的
速度為 0，屬於靜止狀態。

 「咦？動能不見了！」

> 動能 E ➡ 消失了！

$$\frac{1}{2}mv_0^2 \quad = \quad 0!?$$

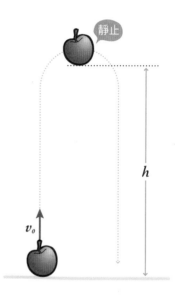

　　能量不會憑空消失。但沒有任何東西接觸到蘋果，因此外界並未對蘋果
做正負功。能量究竟跑哪去了呢？

　　各位應該發現了吧。沒錯，動能轉換成了高度的能量，也就是位能。

> 動能 E ➡ 位能 E

$$\frac{1}{2}mv_0^2 \quad = \quad mgh$$

請看下圖。一開始擁有的動能 Ⓐ，隨著高度上升而逐漸轉換為位能 Ⓑ，抵達最頂點時成為靜止，全都成為位能 Ⓒ。之後蘋果的位能會逐漸轉換為動能 Ⓓ，最後落回原處 Ⓔ。

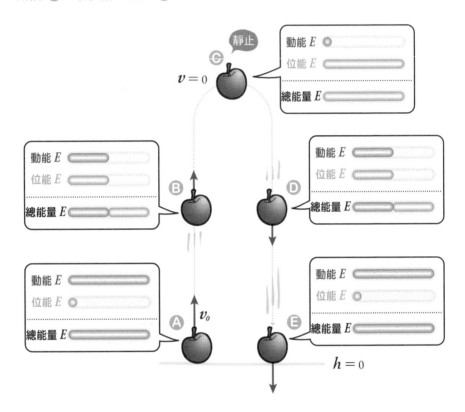

從此圖可得知，總能量在 Ⓐ、Ⓑ、Ⓒ、Ⓓ、Ⓔ 的過程中皆保持一定值。也就是說「初始動能」只是在過程中轉換為位能或動能而已。

B 外界做正負功時

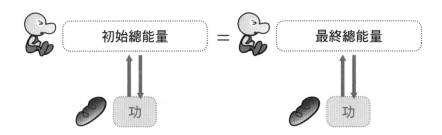

初始總能量 = 最終總能量

功　　　　　　功

　請將橡皮擦放在桌上，然後彈它一下。那麼橡皮擦便會往前滑行一小段，然後停止。在有摩擦力的場所使物體滑行，必定會像這樣停下來。

　以能量觀點來看，一開始的動能就消失了！由於高度不變，也不可能轉換為位能。那麼能量究竟到哪去了？

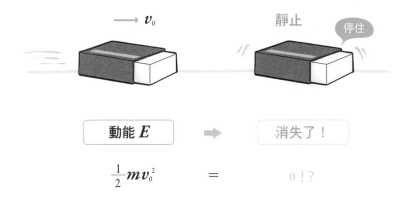

$\longrightarrow v_0$　　　　　　靜止　停住

動能 E　➡　消失了！

$$\frac{1}{2}mv_0^2 \quad = \quad 0\,!\,?$$

在物體接觸地面滑行的過程中，會不斷接受地面所施加的摩擦力。因此，一開始擁有的「動能」，會被「摩擦力的負功」所消耗，最後成為 0。

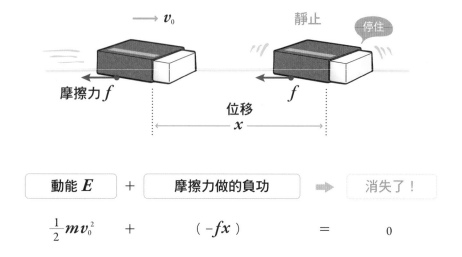

動能 E	+	摩擦力做的負功	⇒	消失了！
$\frac{1}{2}mv_0^2$	+	$(-fx)$	=	0

補充

將此算式左邊的（$-fx$）移動到右邊，算式可做以下的改寫：

動能 E	⇒	動摩擦力做的正功
$\frac{1}{2}mv_0^2$	=	fx

也就是說可以看成「動能」做了「摩擦正功」，這樣也是正確的。

拋體的能量守恆

只要利用「能量守恆」定律，之前那些難以計算的問題，如今都能迎刃而解。例如要求出以初速度 v_0 上拋蘋果，最高點 h_{max} 為何？照慣例必須使用「等加速度運動三公式」做以下計算：

「最頂點速度為 0，所以將 0 代入『速度公式』的 v 中，求出 t。再將t代入『距離公式』中，求出 y，然後⋯」（請參考第42頁練習題 **5**）雖然解得出來，但計算過程相當辛苦。然而只要使用能量守恆定律，只要兩行算式便能求出最高點高度。

請看下面的蘋果上拋圖。以地面為基準，上拋瞬間的總能量等於初始動能 $\frac{1}{2}mv_0^2$。由於蘋果在最高點為靜止，故以地面為基準時，最高點總能量全都轉換為位能 mgh_{max}。

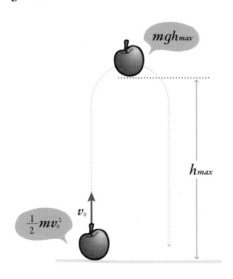

由於「初始總能量」與「最高點總能量」相等，故可寫出以下算式。

$$\frac{1}{2}mv_0^2 = mgh_{max}$$

（初始總能量＝最高點總能量）

以此解出 h_{max} 如下

$$h_{max} = \frac{v_0^2}{2g}$$

「算完了！」

「這麼快！超強的！答案真的跟練習題 **5**（第44頁）一樣呢！」

能量守恆與各種運動

使用「能量守恆」定律，也能計算「進行複雜運動的物體速度」。
接著分別來看以下三種常見考題。

① 雲霄飛車運動

② 彈簧運動

③ 鐘擺運動

① 雲霄飛車與能量守恆

練習題 12

　　如圖所示，軌道上有質量 m 的台車，先停在高度 h_A 的 Ⓐ 點，然後放開煞車。接著台車便不斷改變速度，移動至 Ⓑ（高度 h_B）、Ⓒ、Ⓓ（高度與 Ⓑ 相同）、Ⓔ 各處。請求出台車在各處之速度。其中重力加速度為 g，並假設沒有摩擦力發生。

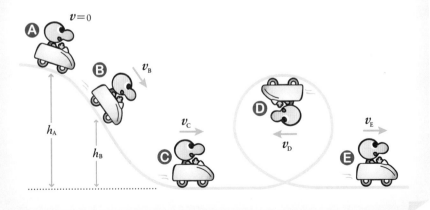

【解答與解說】

　這真是從未見過的複雜運動。但只要使用能量守恆定律，便能輕鬆解題。

　假設要求 Ⓒ 點的速度 v_C，以地面做為位能基準點，考慮 Ⓐ 與 Ⓒ 的能量守恆，可得以下結果。

$$mgh_A = \frac{1}{2}mv_C^2 \qquad \cdots(i)$$

（Ⓐ 的總能量 ＝ Ⓒ 的總能量）

解出 v_C 如下　　　$v_C = \sqrt{2gh_A}$

　如此便求出了 Ⓒ 點的速度 v_C。

　「咦？好奇怪喔。」

　如右圖所示，台車受到外力（正向力）影響。難道不用考慮正向力做的功嗎？

正向力 N

　這裡有一個重點，如下圖所示「正向力的作用方向，永遠與台車移動方向垂直」。

移動方向

正向力 N

正向力 N

移動方向

請回想一下。若力的作用方向與運動方向垂直，則做功為零。因此正向力 N 做的功為零，不需要考慮其影響。

只要列出算式便可發現，「ⓒ 與 ⓔ」、「ⓑ 與 ⓓ」的速度各自相同。一切的原動力來自於 ⓐ 的位能。如下圖所示，只要高度相同，分配到的動能也相同（有如蘋果上拋的例子）。

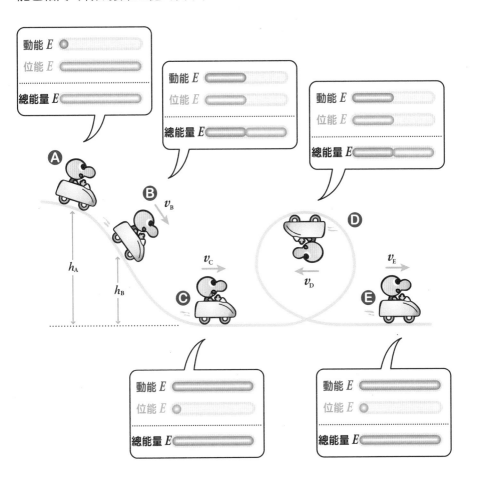

接著求出 **Ⓑ** 點的速度 v_B。根據 **Ⓐ** 點與 **Ⓑ** 點的能量守恆，可得以下結果，

$$mgh_A = \frac{1}{2}mv_B^2 + mgh_B$$

（**Ⓐ** 的總能量 ＝ **Ⓑ** 的總能量）

$$v_B = \sqrt{2g(h_A - h_B)}$$

總結以上結果，可得以下解答：

$$v_B = v_D = \sqrt{2g(h_A - h_B)}$$

$$v_C = v_E = \sqrt{2gh_A}$$

② 彈簧與能量守恆

　　將彈簧橫放，末端接上重物。然後如下圖所示，一端連接重物將彈簧拉長，再放開手，彈簧便會如下圖般進行 Ⓐ、Ⓑ、Ⓒ、Ⓓ、Ⓔ 的振動。

　　當碰到這樣的問題，通常會問「1.重物的最高速度」與「2.重物振幅」。只要使用能量守恆，便能輕鬆求出答案。

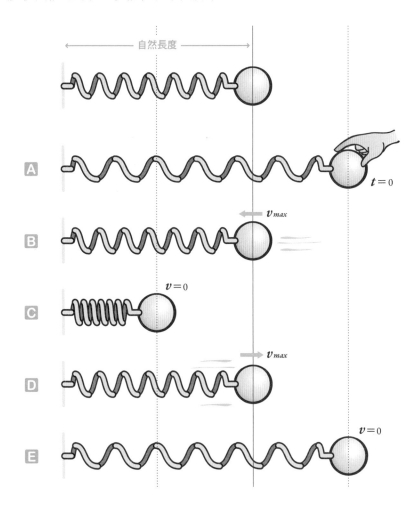

1. 重物最高速度 v_{max}

我們來求出重物最高速度 v_{max}。請想像彈簧的運動模式，若如圖 A 將彈簧拉長之後放手，彈簧便會來回伸縮。其中速度最快的位置，就是振動範圍的中心，也就是自然長度的位置（ B 與 D ）。

因此我們要觀察 A 與 B 的能量，求出 B 點的最高速度 v_{max}。

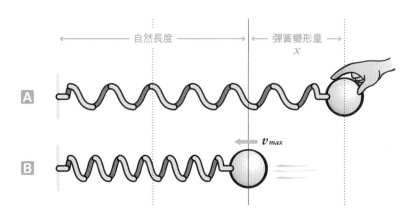

B 點恰巧位於自然長度上，因此不具彈力位能。故 A 點所累積的彈力位能會轉換為 B 點的動能。根據能量守恆定律，可得以下結果，

$$\frac{1}{2}kx^2 = \frac{1}{2}mv_{max}^{\ 2}$$

（ A 的總能量 ＝ B 的總能量）

以此算式求出 v_{max}，可得以下結果：

$$v_{max} = x\sqrt{\frac{k}{m}}$$

※ k 為彈簧係數

2. 振幅

重物速度不斷增加，通過振動中心 B 之後，速度便開始逐漸減少，在到達相反側的一瞬間呈現靜止 C 。請求出 C 的位置。

假設 C 距離自然長度的距離為 x'。重物在 A 與 C 兩處都是瞬間靜止，因此只有彈力位能。根據能量守恆定律，可得以下結果。

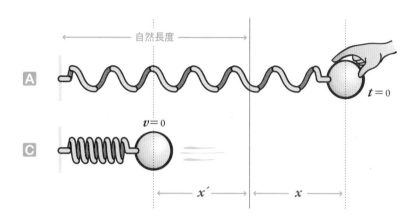

$$\frac{1}{2}kx^2 = \frac{1}{2}kx'^2$$

（❹ 的總能量 ＝ ❻ 的總能量）

$$x' = x$$

因此我們知道，彈簧運動是以自然長度為中心，左右對稱的振盪運動。此時彈簧的振動幅度稱為振幅，以符號 A 來表示。

我們來整理一下彈簧的特徵。

彈簧的特徵

① 抵達振動中心時，速度最大。

② 彈簧運動與中心點對稱（左右相等），變形量最大值，稱為振幅 A。

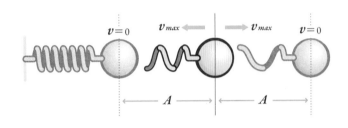

③ 鐘擺與能量守恆

　　最後我們來看鐘擺運動。如下圖所示，鐘擺受到的外力為張力 T。但是張力 T 做功為 0。這是因為張力 T 的作用方向，永遠與鐘擺運動方向垂直（如同雲霄飛車的正向力 N）。

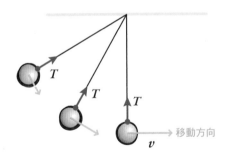

　　因此只要注意位能與動能兩者即可。鐘擺問題最常問的就是最低點的最高速度 v_{max}。

例如右圖所示，在長度 L 的細繩上連接質量 m 的重物，將重物拿到角度 θ 的 A 點，然後放手。此時當重物抵達最下方的 B 點，速度為最大。我們來求最大速度 v_{max}。

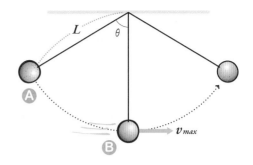

如下圖①所示，只要知道 A 點距離 B 點的高度，便可求出 A 點的位能。如圖②所示，從 A 點往 B 點位置的細繩畫出水平輔助線，令交點為 P。觀察直角三角形 OAP，便得知 OP 長度為 $L\cos\theta$。

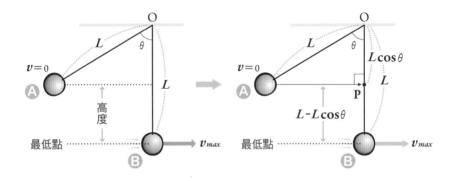

根據圖中資訊，A 點離最低點的高度如下：

$$\text{高度} = \text{OB} - \text{OP} = L - L\cos\theta = L(1-\cos\theta)$$

根據 A 與 B 的能量守恆定律，可得

$$mgL(1-\cos\theta) = \frac{1}{2}mv_{max}^2$$

（Ⓐ 的總能量＝Ⓑ 的總能量）

因此可解出　　$v_{max} = \sqrt{2gL(1-\cos\theta)}$

讓我們針對能量守恆再解兩個問題。

如圖所示，有質量 m 的球在斜面上，從高度 h_A 的 A 點開始移動。球沿著 A、B、C 路線前進，在 C 點瞬間靜止，然後滑下斜面。假設只有右側斜面上有摩擦力，動摩擦係數為 μ'，重力加速度為 g。請回答以下問題。

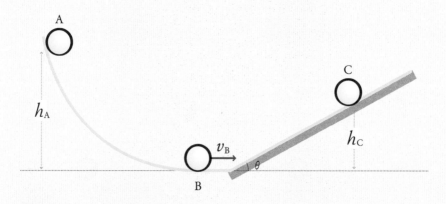

問1 請求出物體通過 B 點時的速度 v_B。

問2 請求出 C 點高度 h_C。

● 解答・解說 ●

請先拿出「四色筆123」做好準備。

能量問題的解題順序如下：

● 能量123

　① 畫圖決定「起點」與「終點」。

　② 求出「起點」與「終點」的總能量。

　③ 加入功的影響，列出能量守恆算式。

問 1

① **畫圖決定「起點」與「終點」。**

　以 A 點為「起點」，B 點為「終點」，來求出兩點的總能量。

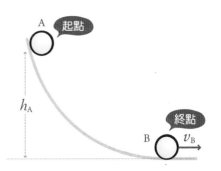

② **求出「起點」與「終點」的總能量。**

　球在 A 點為靜止，因此動能為 0。位置在高度 h_A，因此具有位能。

$$A \text{ 的總能量} = mgh_A$$

同樣的，B 點的總能量只有動能。

$$B \text{ 的總能量} = \frac{1}{2}mv_B^2$$

---

③ **加入功的影響，列出能量守恆算式。**

　在問1中並沒有受到摩擦力影響，因此沒有正向力以外的外力（正向力做功為 0）。根據 A 與 B 的「能量守恆」可得以下結果：

$$mgh_A = \frac{1}{2}mv_B^2$$

（ Ⓐ 的總能量 ＝ Ⓑ 的總能量 ）

$$v_B = \sqrt{2gh_A}$$

問1的答案

問2

① **畫圖決定「起點」與「終點」。**

A 點為「起點」，C 點為「終點」，考慮兩者之間的能量守恆。

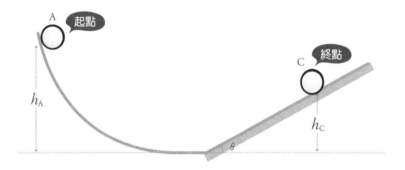

② **求出「起點」與「終點」的總能量。**

問1已經求出了 A 點的總能量。由於球在 C 點靜止不動，故沒有動能，因此 C 點的總能量如下。

C的總能量 ＝ mgh_C

③ **加入功的影響，列出能量守恆算式。**

在斜面上移動時，物體如圖所示，受到外力（摩擦力）影響。

因此在到達 C 點之前，球會因為摩擦力做功而損失能量。

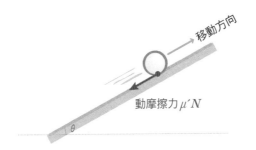

所以「A 點的總能量」必須考慮「C 點的總能量」與「摩擦力做功」兩項。

摩擦力做的功可以由「動摩擦力 $\mu'N$ × 位移 x」來求出。因此我們畫出球受到的所有作用力，並分解重力，便得到下圖。

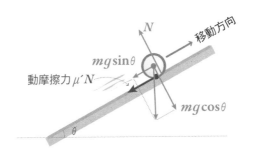

垂直於斜面的方向，力相互抵消，因此成立以下等式：

$$N = mg\cos\theta$$

（↖垂直斜面向上 ＝ ↘垂直斜面向下）

因此動摩擦力 $\mu'N = \mu'(mg\cos\theta)$。位移 x 可以用 h_C 改寫，如下圖所示。

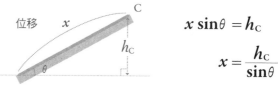

位移 x

$$x\sin\theta = h_C$$

$$x = \frac{h_C}{\sin\theta}$$

（可參考第 96 頁）

因此摩擦力做功如下，

$$\text{摩擦力做功} = f \times x = \mu'mg\cos\theta \times \frac{h_C}{\sin\theta} = \frac{\mu'mgh_C}{\tan\theta}$$

$$※\ \frac{\sin\theta}{\cos\theta} = \tan\theta$$

由於「A 點總能量」全都用於「C 點總能量」與「摩擦力做功」，因此得以下結果，

$$mgh_A = mgh_C + \frac{\mu'mgh_C}{\tan\theta} \qquad \cdots(i)$$

（A 點總能量 ＝ C 點總能量 ＋ 摩擦力做功）

解出 h_C 如下，

$$h_C = \frac{h_A\tan\theta}{\tan\theta + \mu'} \qquad \boxed{\text{問2的答案}}$$

> **另解** 列出算式 (i) 時，若是換個觀點「A 的總能量減去摩擦力做的負功，
> 剩下便是 C 的總能量」，則可改寫為以下算式。

$$mgh_{\mathrm{A}} - \frac{\mu' mgh_{\mathrm{C}}}{\tan\theta} = mgh_{\mathrm{C}}$$

（A 點總能量 － 摩擦力做功 ＝ C 點總能量）

> 這則算式與算式 (i) 相同。因此兩種觀點都可以成立！

·問題練習❺ 彈簧與能量守恆·

　　將彈簧常數 k 之彈簧一端固定於牆壁上，另一端裝上質量 m 之物體 A，放置於無摩擦平面上。物體 A 又以細繩連接質量 $2m$ 之物體 B，兩者放置於一直線上。如圖所示，稍微拉扯物體 B，使彈簧比自然長度伸長 L 之長度，再固定物體 B。此時可忽略彈簧與細繩之質量。

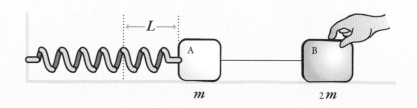

m　　　　　$2m$

問 1　將固定之物體 B 輕輕放開之後，請問物體 A 的加速度有多大？

問 2　從放手之後到細繩張力變成 0 的過程之間，張力大小是彈簧對物體 A 施力大小的幾倍？

問 3　彈簧達到自然長度時，細繩張力為 0，之後細繩便會下垂。請問彈簧之後的收縮量要比自然長度短多少？

2003年度———————————————— 2003年度 日本大學學測（修改版）

● 解答・解說 ●

　　請先拿出「四色筆 123」做好準備。

● 解答・解說 ─────────────────────────────●

問 1

加速度無法以能量守恆來求，因此要用「力與運動 123」的手法來解題。

① 畫出所有力

畫出放手之後 A、B 受到的所有作用力，即如下圖所示。

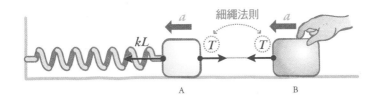

※為了簡化圖形，省略正向力與重力。

根據「細繩法則」，A、B 之張力同樣為 T，又因為 A、B 以細繩相連，故加速度也同樣為 a。

② 看清運動真相

我們知道解除固定之後，物體就會開始移動，做加速度運動。

③ 靜止・等速 ⇨ 力的相互抵消，等加速 ⇨ 運動方程式

加速度運動要使用運動方程式來解題。物體會向左加速，因此我們知道有向左之分力。以左為正，列出 A、B 各自的運動方程式如下：

A 的運動方程式

$$ma = kL - T \qquad \cdots(\text{i})$$

（ma = 合力）

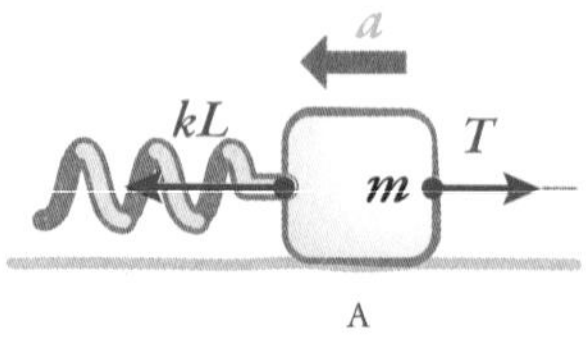

B 的運動方程式

$$(2m)a = T \qquad \cdots(\text{ii})$$

（ma = 合力）

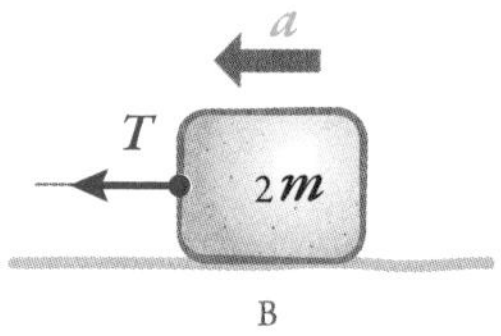

以算式 (i)、(ii) 消去 T，可求得 a 如下，

$$a = \frac{kL}{3m}$$

問1的答案

下圖表示張力成為 0 之前某個時刻的狀態。其中彈簧施力為 F，細繩張力為 T，加速度為 a。

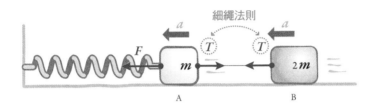

同問1，列出兩個物體的運動方程式：

A的運動方程式　　　　$ma = F - T$　　…(i)

（ma = 合力）

B的運動方程式　　　　$(2m)a = T$　　…(ii)

（ma = 合力）

計算目的在於求出 F 與 T 的關係，因此將算式 (i)、(ii) 中的 a 消去，求出 T 如下，

$$T = \frac{2}{3}F$$

答案是 $\frac{2}{3}$ 倍

問2的答案

問3

這題的關鍵在於是否能正確想像出彈簧的運動狀態。

一開始拉著物體 B，將彈簧從自然長度拉長了 L，然後放手（❶）。A、B 都會被彈簧拉扯，進行加速運動。在彈簧達到自然長度❷之前，彈簧都會拉扯 A，而 A 則透過細繩拉扯 B。

但是在達到狀態❷的瞬間，彈簧因為達到自然長度，因此不再有力量將A向左拉。此時 A 透過細繩拉扯 B 的力量也會消失，使細繩開始鬆弛。

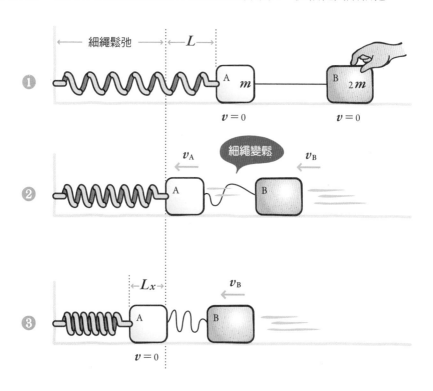

接著，A 還會持續壓縮彈簧，同時慢慢減速。假設在 A 停止瞬間，彈簧的壓縮量為 L_x（❸）。

讓我們用「能量 123」來解這個問題。假設「起點」是狀態❶，「終點」是狀態 ❸。此時要考慮 A、B 整體的能量守恆。在狀態❶中，A、B 兩者皆靜止，因此動能皆為 0。而且彈簧伸長了 L，因此具有彈力位能。

$$位置❶的 A、B 總能量 = \frac{1}{2}kL^2 \qquad \cdots(i)$$

其次來看狀態❸的能量。狀態❸的 A 為靜止，B 以速度 v_B 移動。彈簧被壓縮了 L_x 的長度，因此具有彈力位能。

$$位置❸的 A、B 總能量 = \frac{1}{2}(2m)v_B^2 + \frac{1}{2}kL_x^2 \qquad \cdots(ii)$$

（位置❸的 A、B 總能量 ＝ B 的動能＋彈力位能）

根據能量守恆，算式 (i) ＝ (ii)，因此可得

$$\frac{1}{2}kL^2 = \frac{1}{2}(2m)v_B^2 + \frac{1}{2}kL_x^2 \qquad \cdots(iii)$$

（位置❶的 A、B 總能量 ＝ 位置❸的 A、B 總能量）

這樣解題就行了！

「咦？等等，算式（iii）裡面有自己設定的符號 v_B，就解不出 L_x 啦。怎麼辦呢？」

現在來探討狀態❷，並列出算式。

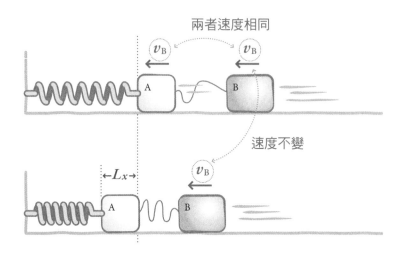

物體在位置❶到位置❷之間進行加速運動，但是從❷之後，B 便不受到細繩張力作用，而且地面與物體之間沒有摩擦力，因此 B 會改為等速運動（慣性定律）。所以「位置❷的 B 之速度」與「位置❸的 B 之速度」皆可寫為 v_B（如上圖❸）。

而且從❶到❷之間，由於 A 與 B 以細繩連接，一起運動，因此在❷的瞬間，A 與 B 的速度應該同樣為 v_B（如上圖❷）。

我們來求出❷的總能量。A、B 皆為速度 v_B。彈簧為自然長度，不具彈力位能。因此可得以下算式：

$$\text{位置❷的A、B 總能量} = \frac{1}{2}mv_B^2 + \frac{1}{2}(2m)v_B^2 \qquad \cdots \text{(iv)}$$

（位置❷的 A、B 總能量 ＝ A 的動能 ＋ B 的動能）

整理可得以下結果：

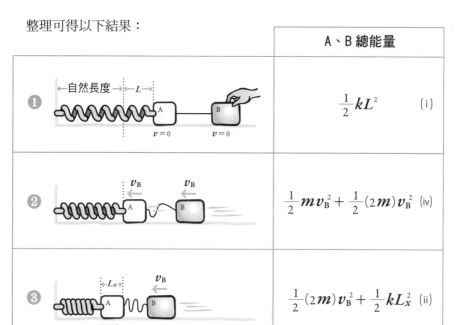

		A、B 總能量
❶		$\dfrac{1}{2}kL^2$ （i）
❷		$\dfrac{1}{2}mv_B^2 + \dfrac{1}{2}(2m)v_B^2$ （iv）
❸		$\dfrac{1}{2}(2m)v_B^2 + \dfrac{1}{2}kL_x^2$ （ii）

根據 ❶ 與 ❷ 的能量守恆，算式 (i) ＝算式（iv），可得以下算式，

$$\frac{1}{2}kL^2 = \frac{1}{2}mv_B^2 + \frac{1}{2}(2m)v_B^2 \qquad \cdots (v)$$

（位置 ❶ 的 A、B 總能量 ＝ 位置 ❷ 的 A、B 總能量）

用算式（v）求出 v_B 得到

$$v_B = \sqrt{\frac{k}{3m}}\,L$$

將此 v_B 代入前兩頁的算式（iii），求出 L_x 如下，

$$L_x = \frac{L}{\sqrt{3}} = \frac{\sqrt{3}}{3}L \qquad \boxed{\text{問3的答案}}$$

能量捉迷藏！

本堂課要找出運動過程中所出現的所有能量。

運動中	動能	$\frac{1}{2}mv^2$
有高度	位能	mgh
有彈簧	彈力位能	$\frac{1}{2}kx^2$
有外力作用	功	Fx

然後就進入
能量守恆公式！

到這裡為止，我們看過了物理力學中最重要的部份。

各位辛苦了。

請看下面的「解題法流程圖」吧。

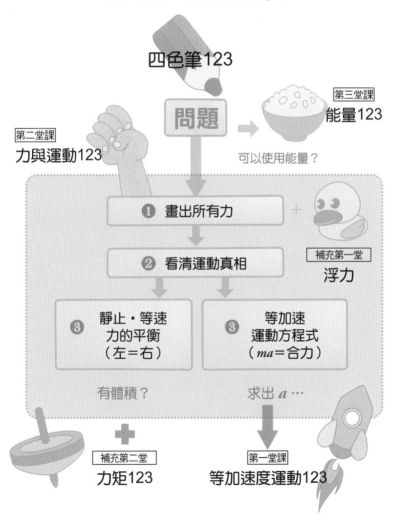

四色筆123

問題

第三堂課
能量123

第二堂課
力與運動123

可以使用能量？

❶ 畫出所有力

❷ 看清運動真相

補充第一堂
浮力

❸ 靜止・等速
力的平衡
（左＝右）

❸ 等加速
運動方程式
（ma＝合力）

有體積？

求出 a …

補充第二堂
力矩123

第一堂課
等加速度運動123

午休
時間

解題法的
流程圖

　當問題出現在眼前，要先確認能否使用第三堂課的「能量 123」。如果無法使用，便以第二堂課的「力與運動 123」法來解題。若物體在靜止・等速狀態下，則以力的平衡來解題。若物體做等加速度運動，可代入運動方程式求出加速度，再使用第一堂課的「等加速度運動三公式」，求出位移與時間等等。

　請再回到本書前面，不妨自行影印練習題，提筆解題。現在是不是能夠自行解題了呢？

　再次複習而來到本頁的讀者，請繼續閱讀接下來的補充內容。補充第一堂的「浮力」，就是在水中才有的作用力。當物體進入水中，並且以「力與運動 123」的步驟1找出作用力時，必須加入浮力影響。補充第二堂的「力矩平衡」，則是要搭配解題流程圖中「力與運動 123」的步驟 3「力的平衡」來使用。

關鍵在於壓力差！
浮力

漂啊漂…

起點

1 等加速度運動

2 運動方程式

3 能量

終點

補充

1 壓力與浮力

2 力矩

前言

為什麼把零食包帶到山上，包裝就會膨脹？為什麼一跳進游泳池，身體感覺就輕快不少？

這些神奇的現象其實都與「壓力」有關。讓我們來學習「壓力」，探索其中奧妙。

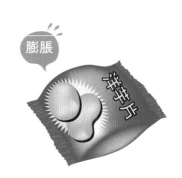

壓力的基本知識

何謂壓力？

請用「左手食指」與「右手食指」撐住一支筆，並用力往內壓。

由於筆處於靜止狀態，因此如上圖所示，作用於筆上的力左右互相抵消。既然有這兩股作用力，那麼筆必然會如下圖般，對手指施加反作用力。

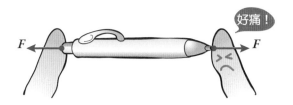

好痛！

兩支手指的推力都一樣是F，但按住筆尖的手感覺卻特別痛。疼痛度的差別，究竟和什麼原因有關？

答案是壓力。如右圖所示，壓力就是「每平方公尺所受到的力」，以下為定義公式。

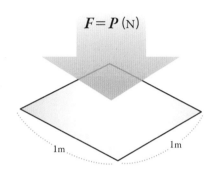

$F = P$ (N)

1m   1m

公式

$$P = \frac{F}{S} \quad \text{(N/m}^2\text{)} \text{ 或是 (Pa)} \quad \cdots \text{(i)}$$

（壓力 P ＝ 力 F ÷ 面積 S ）

雖然施力 F 相同，但筆尖的接觸面積 S 較小，因此壓力較大。壓力越大，我們感受到的痛楚就越強。從公式中可以發現，壓力單位為 N/m²。1 N/m² 也稱為 1 Pa（帕斯卡）。也可將上面的公式 (i) 轉換為下面的常用公式 (ii)，請一併記牢。

公式

$$F = PS \quad \cdots \text{(ii)}$$

（力 F ＝ 壓力 P × 面積 S ）

何謂氣壓？

　　新聞的天氣預報一定會介紹氣象圖。如下圖所示，氣象圖上畫有等壓線，並寫著 1000 hPa（百帕）之類的數字。

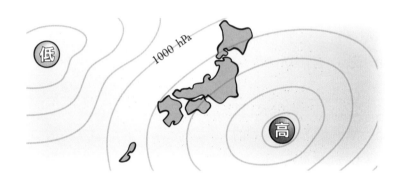

「後面有個 Pa，是不是跟壓力有關呢？」

「答對！那你知道這壓力是什麼造成的嗎？」

　　答案是空氣。如下圖所示，大氣圈中有許多肉眼看不見的粒子飛來飛去，構成空氣，而且每個粒子都受到重力影響。

大氣圈覆蓋整個地球。譬如我們將書本放在頭上，頭就會被書本壓住。同樣地，我們的頭上也正被許多小空氣粒子所施加的巨大力量壓住。

這種空氣粒子造成的壓力，稱為「大氣壓力」（通常簡稱氣壓）。地表的大氣壓力約為 1000 hPa。如前頁氣象圖的標示。其中 h（hecto）表示一百。而 1 Pa 等於 1 N/m^2。因此 1000 hPa 等於：

$$1000 \ hPa = 100000 \ Pa = 100000 \ N/m^2$$

這代表每平方公尺有 10000 N 的施力。相當於十萬顆一號電池（一個 100 g）的重量！

我們平時毫無感覺，但其實每個人隨時都頂著十萬顆乾電池在過生活呢。

　「喔！好嚇人啊！」

氣壓的特性

如果帶著零食登山，到了山頂會發現零食包裝膨脹起來。為什麼？

如下圖所示，山上的空氣比地面稀薄，等於頭上頂的空氣較少，氣壓也較小。

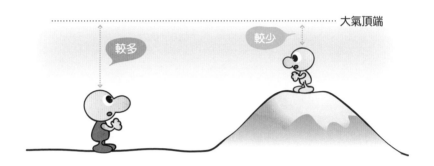

請看下圖。氣壓會作用於任何方向。在地面❶上，「零食包中的空氣壓力（內壓）」與「四周的空氣壓力（外壓）」相互抵消。但是到了山上，周圍的氣壓降低，外壓減少，內壓（零食包裝密封，故內壓維持不變）與外壓便失去平衡❷。因此包裝就會膨脹❸。

請記住氣壓的兩大特性：氣壓會作用於任何方向，而且越高的地方氣壓越低。

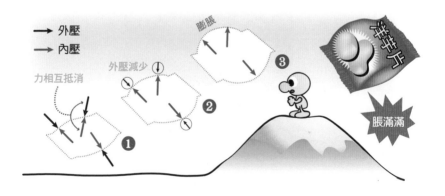

密集的程度「密度」

接著要來學習水壓。但在這之前，我們要先了解「密度」。密度 ρ 可寫做以下公式。

公式
$$\rho = \frac{m}{V} \; (\text{kg}/\text{m}^3) \cdots \text{(iii)}$$
（密度 ρ = 質量 m ÷ 體積 V）

密度表示每立方公尺的物體質量。舉例來說，一大早跑去搭車，乘客不多，搭起來十分舒適。但是在通勤時間搭車，整節車廂都會塞滿，感覺很不舒服。前者代表密度小的狀態，後者代表密度大的狀態。也就是說，密度表示「密集的程度」。

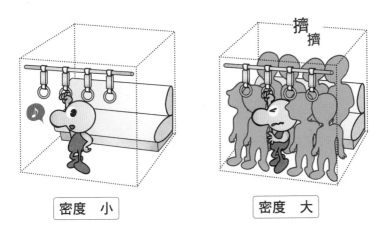

密度 小

密度 大

也可將上面的公式（iii）轉換為下面的常用公式，請一併記牢。

$$m = \rho V \quad \cdots \text{(iv)}$$
（質量 m = 密度 ρ × 體積 V）

何謂水壓？

　　水壓的作用原理與氣壓幾乎相同。可以想像潛入水中，頭頂就有水分子壓著。水壓與氣壓一樣，頭頂的水會因為重力而壓迫你的頭。這股壓力便是水壓。

　　現在我們來求水壓的大小。

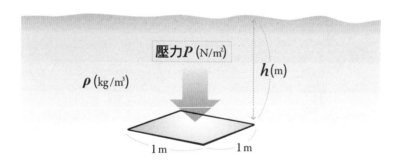

　　如上圖所示，將一平方公尺的平面（平板）放在水深 h（m）的水中，計算其水壓。該深度的水壓，就是壓迫在一平方公尺內的總力。其中水的密度為 ρ（kg/m^3）。

　　接著考慮下圖中體積 V（＝$1 \times 1 \times h$）（m^3）的立方體，來求出平板所承受的水分子重量 W。

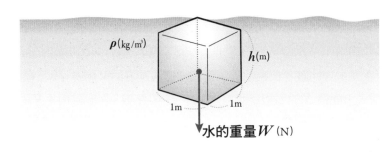

$$\rho\,(\mathrm{kg/m^3})$$

$$h\,(\mathrm{m})$$

$$1\mathrm{m} \qquad 1\mathrm{m}$$

水的重量 W (N)

※ g 為重力加速度（m/s²）

水的重量 $W = mg$

根據公式（iv），代入 $m = \rho V$，得到

$$W = (\rho V)g$$

體積 V 如上圖所示為（$1 \times 1 \times h$），故可得

$$= \rho\,(1 \times 1 \times h)\,g = \rho h g \qquad \cdots (\mathrm{v})$$

　於是我們就求出了水壓。由此公式可知，深度越深（h 越大），上方承載的水量越多，水壓也越大。水壓與氣壓一樣，會作用於任何方向上，施力壓扁物體。

水壓的要點

● 水壓與水深成正比

● 水壓作用於任何方向上

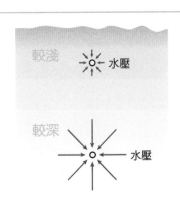

較淺　水壓

較深　水壓

別忘了氣壓！

　　雖然我們求出了水壓，但這並非該深度真正的壓力。如下圖所示，水面上還有空氣，因此該平板也承受了氣壓。假設地表的氣壓為 P_0，根據公式 (ii)，地表上面積 S 的平板所承受之氣壓 $F = P_0 S$。在此例中，$S = 1 \times 1 = 1$（m^2），因此 $F = P_0$。

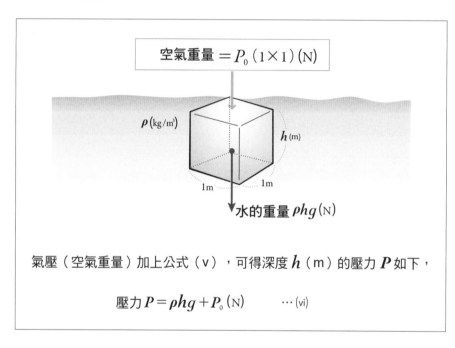

空氣重量 $= P_0 (1 \times 1) (N)$

$\rho (kg/m^3)$

$h (m)$

1m　　1m

水的重量 $\rho h g (N)$

　　氣壓（空氣重量）加上公式（v），可得深度 h（m）的壓力 P 如下，

$$壓力\ P = \rho h g + P_0\ (N) \qquad \cdots (vi)$$

　　像這種有提到氣壓 P_0 的問題，請別忘記還要考慮空氣的重量。

專欄❹

深海魚與零食包

　　深海就是深深的海底。在那麼深的海中，上方的水量很多，因此任何方向都受到強大的水壓。深海魚們可是每天都在巨大的水壓中生活。

水壓

　　如果把深海魚帶到地面上會如何？那就像把零食包拿到山頂一樣，深海魚會因為體內的內壓而膨脹，最後爆破身亡。

哇啊！

碰～

壓力差產生浮力

浮力之謎

　　當我們一進游泳池，就會感覺身體輕盈不少。因為水中有股神奇的向上推力：「浮力」。為什麼水中有這樣神奇的力量呢？

　　想像將某樣物體沉入水中，如下圖①所示，物體四周上下左右，任何方向都受到水壓，設法壓扁物體。

　　物體有自己的體積，而且水壓會隨著深度增加，因此如圖1所示，作用於下面的水壓比作用於上面的水壓更大，而且作用於左右的水壓也會隨著深度增加。

　　將這些力合成起來，便如圖②所示，左右水壓呈現平衡狀態，但下方水壓比上方水壓更大，因此造成向上分力。這就是浮力。浮力源自於物體上下的壓力差。

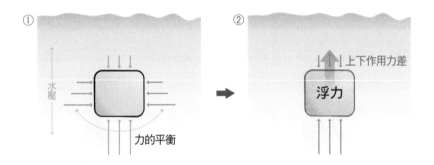

浮力的大小

接著就來求浮力的大小。將邊長 a（m）的正方體沉入水深 h（m）的位置，求出此物體受到的浮力。

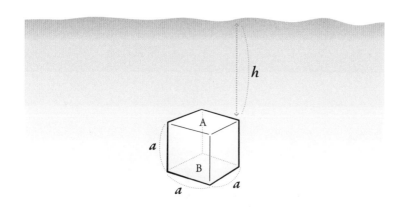

假設物體上底為A，下底為B，比較兩面所受到的作用力。A 面受到的作用力 F_A，可使用公式（iv），求出 A 面上所受到的水重量與空氣重量，結果如下：

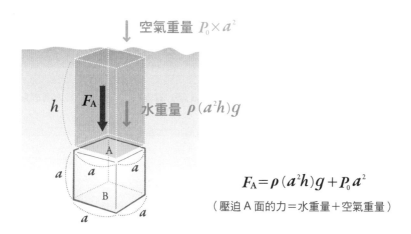

空氣重量 $P_0 \times a^2$

F_A　水重量 $\rho (a^2 h)g$

$$F_A = \rho (a^2 h)g + P_0 a^2$$

（壓迫 A 面的力＝水重量＋空氣重量）

那麼下面 B 所受到的向上作用力 F_B 該如何計算呢？

我們在第175頁的「水壓的重點」有學過，在相同深度下，水壓會以相同強度作用於任何方向，設法將物體壓扁。因此可以如下圖所示，考慮與 B 面相同深度（$h+a$）、相同面積〔a^2（m^2）〕的 C 面受到多少作用力 F_C。

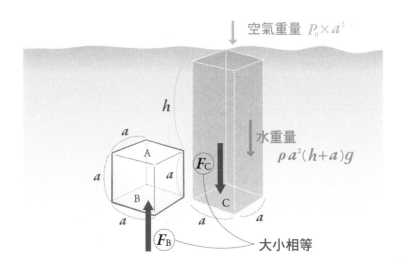

空氣重量 $P_0 \times a^2$

h

水重量 $\rho a^2(h+a)g$

F_C

F_B

A

B

a

a

a

a

a

a

C

大小相等

C 面上有高度 $h+a$ 的水量，這些水的立方體積為 $a^2(h+a)$。C 面受到的作用力 F_C 計算方式與 A 面作用力相同。

$$F_C = \rho\, a^2(h+a)g + P_0 a^2$$

（壓迫 C 面的力 = 水重量 + 空氣重量）

根據水壓的特徵，$F_C = F_B$，因此便求出了 F_B 的大小。

如下圖所示，F_A 與 F_B 兩者的總力便是浮力，讓我們來求出浮力吧。以上方為正，相加求得結果如下：

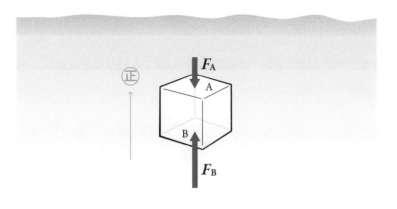

$$浮力 = F_B - F_A = [\rho a^2(h+a)g + P_0 a^2] - [\rho a^2 hg + P_0 a^2]$$
$$= \rho a^3 g \qquad\qquad ※以上方為正$$

其中 a 為物體之體積 V（長 a × 寬 a × 高 a），因此可用 V 取代之。因此浮力為：

公式

$$F = \rho V g$$

（浮力F＝水密度 ρ × 體積V × 重力加速度 g）

這就是浮力公式。這裡是用正立方體來推導，但無論任何體積之物體，皆可適用浮力公式。請注意 ρ 並非物體密度，而是周圍液體的密度。

換個角度來看，$\rho V g$ 也代表「準備一個與物體相同體積的箱子，將箱子沉入水中之後所置換的水重量」，這便是我們熟知的「阿基米德原理」。

阿基米德原理

在液體中的物體，受到「與該物體相同體積之液體所受到的重力」，以及同等大小的向上浮力。

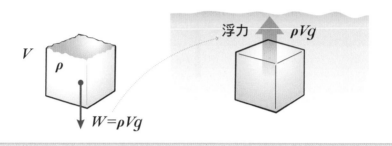

請記住浮力公式 $\rho V g$。

在大學學測中，光默記浮力公式還派不上用場，請務必一併熟記推導過程。

接著就來挑戰大學學測考題吧。

如圖所示，潛水艇要潛水時，會將水灌入壓艙櫃中；要往上升時，則對壓艙櫃灌入高壓空氣，把水排到艦外。假設潛水艇總體積（包含壓艙櫃）為 V，壓艙櫃全部排空時，潛水艇的總質量為 M。同時水的密度為 ρ，重力加速度為 g，並可忽略空氣質量。請回答以下各題。

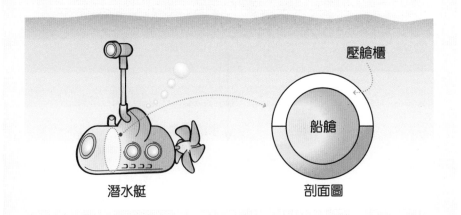

壓艙櫃

船艙

剖面圖

潛水艇

問1 請問水深 100 m 與 200 m 的水壓差為多少 Pa？水的密度為 1.0×10^3 kg/m³，重力加速度大小為 9.8 m/s²。

問2 假設潛水艇完全沉入水中，浮力與重力互相抵消，船體靜止不動。此時壓艙櫃內的水體積為多少？

問3 假設潛水艇完全排空壓艙櫃，垂直向上浮起。此時水對船體施加的阻力大小與速度 v 成正比，可使用比例常數 b 表示為 bv。請問當潛水艇定速浮起時，速度 v 應如何表示？

──── 2007年度 日本大學學測考題 （修改版） ──•

　　請先預備好「四色筆 123」來解題。浮力只是力的一種。因此可用之前的「力與運動 123」來解題。請注意，問題中提到可以忽略空氣重量。

問1 要求出水深 100 m 的壓力 P_{100}，請想像一平方公尺的板子在 100 m 深水中的狀況。要求出板子上所承受的水重。

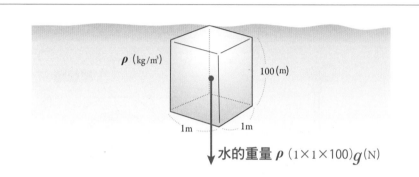

水的重量 ρ $(1 \times 1 \times 100)g$ (N)

　　水的重量 $mg = \rho Vg = \rho (1 \times 1 \times 100)g = 100 \rho g$

水深 100 m 的壓力 P_{100} 為，

$$P_{100} = 100 \rho g \qquad \cdots (i)$$

同樣地，水深 200 m 的壓力 P_{200} 為，

$$P_{200} = 200 \rho g \qquad \cdots (ii)$$

算式 (ii) 減去算式 (i) 可得

$$水壓差 = P_{200} - P_{100} = 100 \rho g$$

代入各項數值得到以下結果。

$$水壓差 = 100 \times (1.0 \times 10^3) \times 9.8 = 9.8 \times 10^5 (Pa)$$

問1的答案

問2 使用「力與運動 123」來解題。

① 畫出所有力

首先要畫出潛水艇的重力 Mg。假設壓艙櫃中的水體積為 V'，則水所造成的重力如下：

$$壓艙櫃中的水造成之重力 = mg = \rho V'g$$

方向向下。

接著從潛水艇接觸的物體來觀察受力。潛水艇周圍都是水，因此會受到浮力。潛水艇體積為 V，因此根據浮力公式，

$$潛水艇的浮力 = \rho Vg$$

方向向上。將所有力畫出來之後，便如下圖所示。

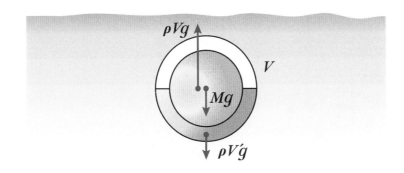

② 看清運動真相

潛水艇靜止不動。

③ 靜止・等速 ⇨ 力的平衡，等加速 ⇨ 運動方程式

由於潛水艇靜止，因此使用「力的平衡」公式。

$$\rho Vg = Mg + \rho V'g$$

$$(\; \updownarrow 向上力 = \downarrow 向下力)$$

解出 $$V' = V - \frac{M}{\rho}$$

問2的答案

問3 以底線標出問題中的「潛水艇定速浮起」。這代表潛水艇進行「等速運動」。

請想像潛水艇的運動狀態。

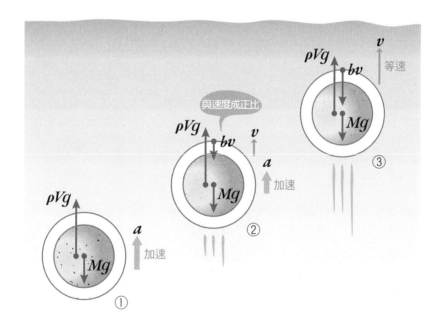

　　若將壓艙櫃中的水全部排出，潛水艇便會持續受到浮力影響而往上方加速 ①。但是隨著速度 v 增加，水的阻力 b_v 也會變大，因此越往上升，向上的加速度越小 ②。最後潛水艇受到的作用力全部互相抵消，便保持當時的速度等速上昇 ③。

　　狀態② 為等速，因此適用「力的相互抵消」。乍看之下十分困難的題目，其實與問2一樣都是「力的相互抵消」。

圖中③所有作用力皆互相抵消，因此

$$\rho Vg = bv + Mg$$

$$(\ \updownarrow 向上力 = \downarrow 向下力\ )$$

解出 v 得到

$$v = \frac{(\rho V - M)g}{b}$$

問3的答案

記住浮力公式！

勝利！

密度、體積、重力加速度
$$\rho \quad V \quad g$$

$\rho V g$ 當物體在水中時，

浮力

尋找作用力
必須包括浮力。

補充提醒⋯

別忘了記住浮力公式的推導過程！

轉不動？
力矩的平衡

起點

1 等加速度運動

2 運動方程式

3 能量

終點

補充 ➡

1 壓力與浮力

2 力矩

轉轉轉

　　如下圖①所示，從中心點支撐一根棒子，便能保持平衡。但若如圖②所示，支撐棒子的端點，則物體便會旋轉掉落。

　　在學習物理的過程中，會突然碰到一個不知所以然的「力矩」。所謂力矩，就是「旋轉的力量」。本書一直沒有探討物體旋轉的狀況。但事實上物體大小形狀不等，只要找對施力位置，就會開始旋轉。因此這堂課的主題就是「旋轉」。

力矩的基本知識

何謂力矩？

　　其實我們在小學就學過了「槓桿原理」。要舉起同一樣物體時，不同施力位置所需的出力也不同。

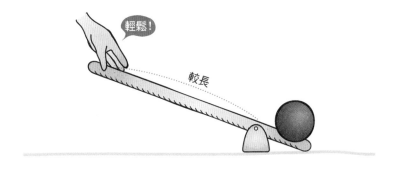

　　若要使棒子旋轉，不僅要考慮「施力大小」，還要考慮「距離旋轉中心（支點）的距離」。力矩可以寫成下面的公式。

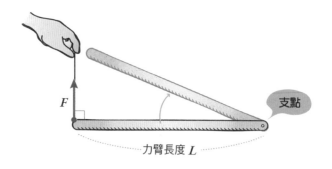

$$M = F \times L$$

（力矩 M = 施力 F × 力臂 L）

　　力臂長度 L，代表從支點到施力位置的長度。從這條公式，我們知道施力 F 越大、力臂 L 越長，力矩就越大。

兩個要點

① **在平行於力臂的方向施力，力矩為零！**

　　考慮如下圖所示，對支點橫向施力推壓的情況。

　　此時棒子雖然受到外力，但無論怎麼推，棒子也不會轉動。根據下頁算式，得知力矩 M 為 0。

$$M = 0 \times L = 0$$

（力矩 M＝施力 F × 力臂 L）

② 直接在支點施力，力矩為零！

如下圖所示，觀察直接對支點施力的情況。

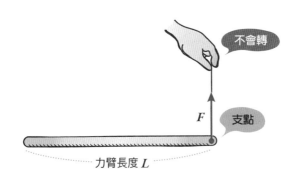

此時棒子雖然有受力，但無論施力多大，棒子也不會旋轉。因為力臂 L 為 0，所以力矩 M 為 0。

$$M = F \times 0 = 0$$

（力矩 M ＝ 施力 F × 力臂 L）

可見力矩完全決定了棒子轉或不轉。

力矩的要點

● 在平行於力臂的方向上施力，力矩為零！

● 直接在支點施力，力矩為零！

　　如下圖所示，以角度 θ 的施力 **F** 斜拉棒子，棒子便會旋轉。我們應該如何判斷這時候的力矩呢？

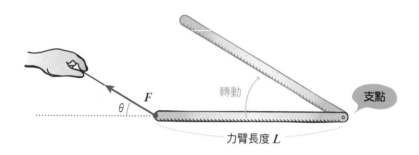

　　方法有兩種，「❶ 力的分解」「❷ 創造新力臂」。

❶ 力的分解

　　我們可以將力的分解為「垂直力臂方向」與「平行力臂方向」的兩股力。

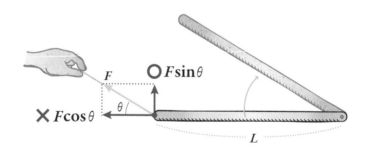

　　分解之後便如上圖所示，**F**cos θ 是平行拉扯棒子的力。這樣的力無法使棒子旋轉。只有與棒子垂直的力 **F**sinθ 才能使棒子旋轉。因此施力 **F** 所造成的力矩 **M** 如下：

$$M = F\sin\theta \times L \qquad \cdots (i)$$

（力矩 M ＝ 施力 F × 力臂長度 L）

❷ 創造新力臂

另一種解法是創造新的力臂。我們可以用以下步驟來創造力臂：

創造力臂123

① 沿著施力箭頭畫直線

② 從支點畫出垂直於①的直線

③ 將力移動到兩線交點上，形成新的力臂

① 沿施力箭頭畫直線

如圖所示，一開始請注意力與支點，先忽略力臂存在。然後沿著施力箭頭畫出直線。

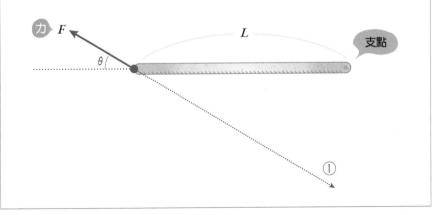

② 從支點畫出垂直於①的直線

從支點往①的延伸線畫出一條垂直線。

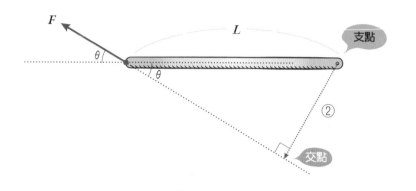

③ 將力移動到兩線交點上，形成新的力臂

將力移動到交點上，便形成從支點到力的力臂。

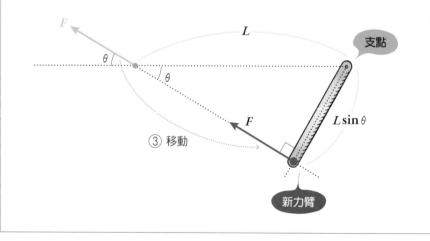

如此便形成與施力垂直，長度為 $L\sin\theta$ 的新力臂。此力的力矩如下：

$$M = F \times L\sin\theta \qquad \cdots \text{(ii)}$$

（力矩 M ＝ 施力 $F \times$ 力臂長度 L）

請比較算式 (i) 與算式 (ii)。只要改變 F 與 L 的位置，就成為相同的算式。可見無論使用什麼方法，最後都會導出相同算式。

「❶ 力的分解法」比較容易理解，但移動角度 θ 時容易出錯；「❷ 創造新力臂法」不太需要移動角度 θ，也較不容易出錯。

因此本書推薦各位學習「❷ 創造新力臂法」的「創造力臂 123」！

另一項祕密武器「力矩的平衡」

力矩平衡

　　日本大學學測考題中，所有物體都不會旋轉！雖然到處都有提到旋轉，題目卻什麼也沒轉。那麼力矩究竟要用在何處呢？

　　當具有體積的物體靜止不動，除了施力會互相平衡之外，其實力矩也會相互平衡。

　　如下圖所示，有個小孩正在玩蹺蹺板。此時蹺蹺板會以支點為中心做順時針旋轉。

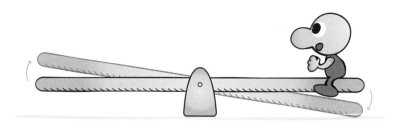

　　接著如右上圖所示，另外一邊坐了體重相同的雙胞胎弟弟。如果弟弟坐的位置與哥哥一樣，距離支點長度都是 L，那麼蹺蹺板便會回歸原位，不會旋轉。

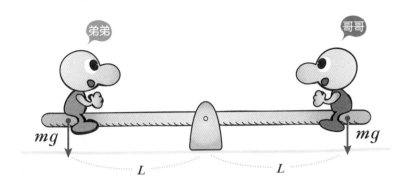

這是因為兄弟倆人的力矩相同。

$$mgL = mgL$$

（ ↺ 弟弟的逆時針力矩 ＝ ↻ 哥哥的順時針力矩 ）

※ m 為兄弟的質量，g 為重力加速度

這就是「力矩的平衡」。

——● 力矩的平衡

↺ 逆時針力矩 ＝ ↻ 順時針力矩

接著讓質量 M 的相撲力士坐在另一邊。如果相撲力士跟弟弟一樣坐在位置 L 上，蹺蹺板一定會逆時針旋轉。但若如下圖所示，讓相撲力士坐在更靠近支點的位置 L'，就能互相平衡。這是因為力臂縮短，減少了相撲力士的力矩，才能抵消小孩的力矩。

$$Mg \times L' = mg \times L$$

（ ↻ 相撲力士的逆時針力矩 ＝ ↺ 哥哥的順時針力矩）

這條算式可以求出 L' 的位置。像這種靜止不動的情況，物體不會旋轉，因此可寫出力矩平衡的算式。

算出力矩

讓我們使用力矩的平衡來解下面這個問題。

練習題 13

　　現在有質量 m 的均質棒子。如圖所示，將棒子的一端靠在牆面與地面的角落，另一端以水瓶之細繩拉扯，使棒子與地面保持夾角 θ。此時 A 點附近之力矩平衡，請求出細繩的張力 T。在此，重力加速度為 g。

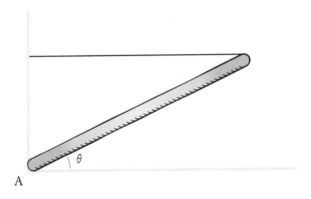

2006年度日本大學學測（修改版）

【解答與解說】

「A 點附近之力矩」意思就是「以 A 點為支點」。因此在 A 點標示「⊗」符號代表支點。

如下圖所示，以 A 點為中心旋轉棒子的力，有張力 T 與棒子本身重力 mg 兩者。請注意題目提到「均質棒子」，代表重力 mg 要從棒子中心開始作用。

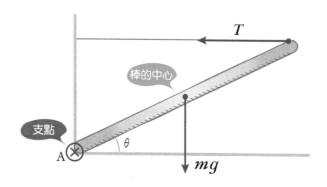

假設棒長為 L，便可用「創造新力臂法」來解題。

依照「創造力臂 123」，將 mg 與 T 兩股力平行移動，創造新的力臂如下頁圖。

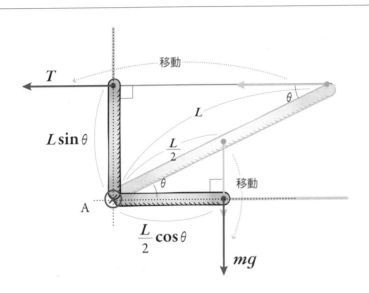

根據上圖，力矩平衡，故得到以下算式，

$$T \times L\sin\theta = mg \times \frac{L}{2}\cos\theta$$

（ ↻ 逆時針力矩 ＝ ↺ 順時針力矩）

可解出張力 T 如下，

$$T = \frac{mg\cos\theta}{2\sin\theta} = \frac{mg}{2\tan\theta}$$

另解 力的分解

也可以用力的分解法來解題。為了分析讓棒子旋轉的原因，要先將兩股力分解為「平行於棒子的力」與「垂直於棒子的力」。

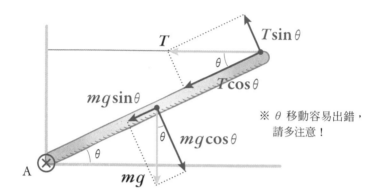

※ θ 移動容易出錯，請多注意！

由上圖可知「張力中可影響力矩的力」為 $T\sin\theta$，「重力中可影響力矩的力」為 $mg\cos\theta$。請注意力臂長度，寫出力矩平衡的算式。

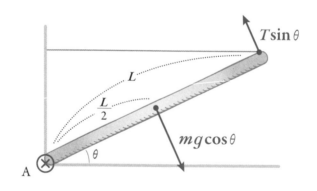

$$T\sin\theta \times L = mg\cos\theta \times \frac{L}{2}$$

（ ↻ 逆時針力矩 ＝ ↺ 順時針力矩 ）

結果與算式 (i) 相同。

最後讓我們使用「力矩的平衡」，來解更高階的難題。

　　如圖所示，長度 L、質量 M 的均質梯子以角度 θ 靠在牆上。當質量 m 的人爬上梯子時，能夠從 B 往上爬的最大距離為何？其中，梯子與地面之間有摩擦力，且靜摩擦係數為 μ_0。梯子與牆壁之間沒有摩擦力，且重力加速度為 g。

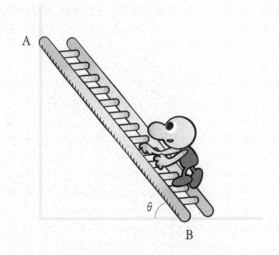

● 解答・解說 ●

　　請先拿出「四色筆 123」預備解題。要畫圈的符號有六個，L、M、θ、m、μ_0、g。問題中有三個隱藏提示。

1. 長度 L、質量 M 的梯子 ➡ 提到物體有「體積」，因此可使用力矩。

2. 梯子與地面之間有摩擦力 ➡ 在地面下畫斜線，代表摩擦力。

3. 最大距離為何→要求極限的「最大靜摩擦力」。

接著介紹解力矩問題的步驟：

> ──● 力矩123
>
> ① 畫出所有力
>
> ② 列出「力的平衡」算式
>
> ③ 支點標上 ⊗ 符號，列出「力矩的平衡」算式

① 畫出所有力

本題的重點是「梯子」。先如下圖所示，畫出梯子受到的所有作用力。假設人從 B 開始往上爬的距離為 x。梯子與地面之間的摩擦力 f 向左作用，阻止梯子下滑。

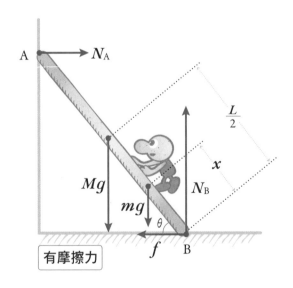

② 列出「力的平衡」算式

梯子為靜止。因此適用「力的平衡」公式。

$$f = N_A \qquad \cdots (\mathrm{i})$$

$$(\longleftarrow \text{向左的力} = \longmapsto \text{向右的力})$$

$$N_B = Mg + mg \qquad \cdots (\mathrm{ii})$$

$$(\uparrow \text{向上的力} = \downarrow \text{向下的力})$$

③ 支點標上 $\otimes$ 符號，列出「力矩的平衡」算式

由於物體有體積，因此要考慮「力矩的平衡」。

 「支點應該設在哪裡呢？」

對靜止物體的力矩來說，基本上
支點設在哪裡都行。但設支點有個
竅門。各位可以想像人爬上梯子，
然後如右圖般，以 B 為中心轉動
滑倒。

哇啊！

B

因此就先以 B 點為支點吧。請在 B 點畫上 ⊗ 符號。

接著擷取與力矩有關的力,列出「力矩的平衡」算式。如下圖所示,根據「創造力臂123」的步驟,移動各股力創造新的力臂。

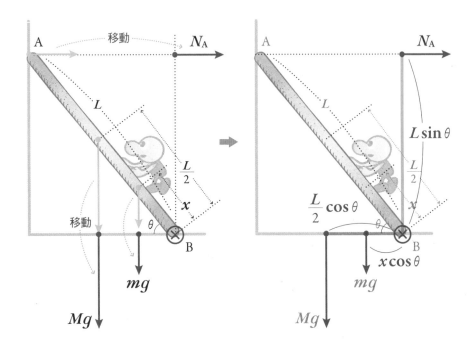

各位是否已經發現?位於支點上的正向力 N_B 與摩擦力 f 可以直接忽略。力矩($M = FL$)需要「力臂長度 L」。以 B 為支點,使得從 B 出發的力臂長度為 0,力矩也為零,因此不必考慮。這就是以 B 點為支點的理由。

選擇許多力集中的點(本題為 B 點)做為支點,是簡化計算的訣竅之一,請銘記在心。

因此可列出「力矩的平衡」算式如下

$$N_A \times L\sin\theta = Mg \times \frac{L}{2}\cos\theta + mg \times x\cos\theta \quad \cdots \text{(i)}$$

（↻ 順時針力矩 ＝ ↺ 逆時針力矩）

根據算式 (i)，將 f 代入 N_A，可得以下算式。

$$f \times L\sin\theta = Mg \times \frac{L}{2}\cos\theta + mg \times x\cos\theta \quad \cdots \text{(iv)}$$

（↻ 順時針力矩 ＝ ↺ 逆時針力矩）

算式（iv）透露出一個很有趣的事實。人越往梯子上爬，B 點與人的距離 x 越大，右邊的「↺ 逆時針力矩」就越大。大到一個程度，便會破壞力矩的平衡，使梯子轉動滑倒，因此左邊的「↻ 順時針力矩」也必須跟著變大。此時，能夠不斷變化的靜摩擦力，便負責調整力矩的平衡。

但是靜摩擦力也有極限！如下圖所示，f 最多只能承受到最大靜摩擦力 μN_B 為止。

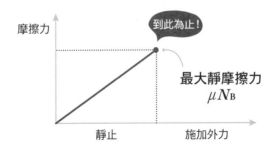

本題問的是「往上爬的最大距離為何」，也就是「$f = \mu N_B$ 最大能到多少」。因此將算式（iv）的f代入最大靜摩擦力 μN_B，可得以下算式。

$$\mu N_B \times L\sin\theta = Mg \times \frac{L}{2}\cos\theta + mg \times x\cos\theta \quad \cdots (v)$$

以此算式便可求出 x。

N_B 是我們自訂的符號，不能用來作答。因此將含有 N_B 的算式 (ii) 與算式（v）聯立，消去 N_B 來求出 x。

將算式 (ii) 的 N_B 代入算式（v）的 N_B 中，得到以下算式：

$$\mu(Mg + mg) \times L\sin\theta = Mg \times \frac{L}{2}\cos\theta + mg \times x\cos\theta$$

解出 x 如下，

$$x = \frac{[2\mu(M+m)\sin\theta - M\cos\theta]}{2m\cos\theta}L$$

分子分母同乘 $\dfrac{1}{\cos\theta}$，則 $\dfrac{\sin\theta}{\cos\theta} = \tan\theta$ 因此

$$x = \frac{[2\mu(M+m)\tan\theta - M]}{2m}L$$

答案

在這種力矩問題中，必須同時以「力的平衡」和「力矩的平衡」來解題。

別解 力的分解

　讓我們用力的分解法來列出「力矩平衡」的算式。將重力Mg分解為垂直棒子與平行棒子的兩股力。如此便得知只有垂直方向的$Mg\cos\theta$與力矩有關。

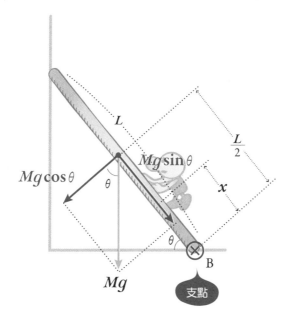

另解 力的分解（後續）

以相同步驟分解所有力，取出垂直於棒子的部份，便如下圖所示。請正確做圖確認 θ 會移動至何處。由於 θ 移動容易出錯，請多留意。

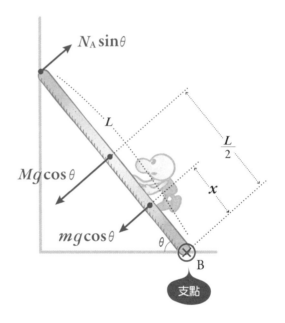

列出「力矩的平衡」算式，可得以下結果，

$$N_A \sin\theta \times L = Mg\cos\theta \times \frac{L}{2} + mg\cos\theta \times x \qquad \cdots \text{(vi)}$$

（↻順時針力矩 ＝ ↺逆時針力矩）

得到與算式（iii）相同的結果。

補充
第二堂總整理

日本大學學測考題之中
所有物體都不會轉動！

一旦出現有體積的物體，

①力的平衡
（ ← 向左的力 ＝ → 向右的力 ）
（ ↑ 向上的力 ＝ ↓ 向下的力 ）

＋

②力矩的平衡
（順時針力矩＝逆時針力矩）

請雙管齊下來解題。

下課

課程就到這裡結束，最後讓我們再複習一次解題流程圖。

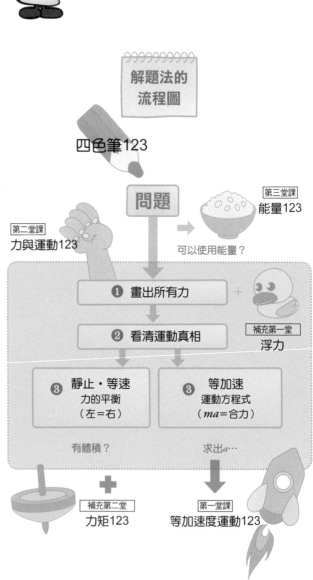

　　第一眼看到題目時，要先確認是否能使用能量。若能使用能量，便適用「能量 123」解題法；若不能使用能量，則轉為「力與運動 123」。

　　在「力與運動 123」的步驟1中，若物體沉入水中，請別忘了考慮浮力。進行步驟3「力的平衡」時，若物體有體積則需加入「力矩的平衡」算式來解題。進行步驟3「運動方程式」時，便要求出加速度，代入等加速度運動三公式。

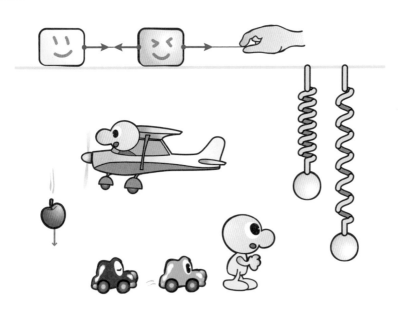

　　我再重申一次，流程圖中最重要的部份就是「力與運動 123」，其他部份都只是附加的補充而已。

　接下來請看看其他的考卷或參考書。現在，相信各位一定知道題目在說明流程圖的哪個部份，哪裡重要，哪裡不重要。

　本書準備了一些大學學測考題當「作業」，只要運用本書中所有知識，必能解題。請測試一下自己的實力，若碰到瓶頸，請回頭翻閱前面的內容。

　最後，大家是否開始享受物理了呢？物理非常博大精深，本書所提及的解題法，不過是九牛一毛。若各位讀過本書之後能夠理解學測考題，享受物理樂趣，請務必繼續挑戰其他試題。

　　　　　　　　從「Physics」到「物理」。

作業與附錄

作業・綜合試題

有確實
理解內容
嗎？

來試試
實力吧

假設有一輛停在水平地面上的吊車，正在吊起重物移動。此吊車如下所示，由質量 M_1 之車體部份與長度 L、質量 M_2 之均質吊臂所構成。車體由距離中心皆為 ℓ 之前後輪所支撐。吊臂僅在平行於車體前後方向的垂直平面（紙張圖面）中移動，且吊臂與垂直方向之夾角 θ 會做改變。吊車除了 θ 改變之外無其他變形量，吊索質量可忽略，且假設吊索移動無摩擦。又假設吊索所吊掛之重物質量為 m，重力加速度為 g。

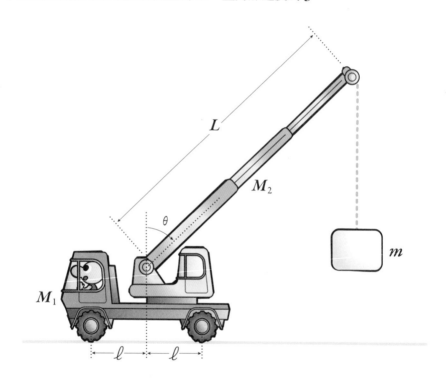

問1 如圖所示，靜止的吊車除了受到重力 M_1g、M_2g、吊索張力 mg 之外，還透過前輪 F 與後輪 R 受到正向力 G_1 與 G_2。請列出包含所有力的平衡算式。

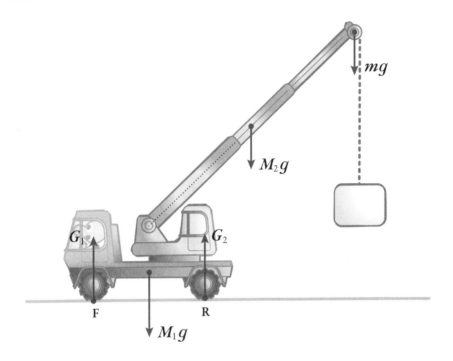

問2 已知當重物的質量 m 超過某數值 m_C，前輪 F 便會翹起，造成吊車翻覆。當 $m = m_C$，透過前輪 F 所受到的正向力 G_1 為 0。請求出此時後輪 R 周圍的力矩平衡算式。

問3 接著吊車捲起吊索，將原本靜止於某高度的重物垂直吊起。下圖表示重物吊起速度 v 對時間t的變化情況，請從以下 1～6 圖中選出可代表吊索張力 T 變化的正確圖形。

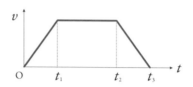

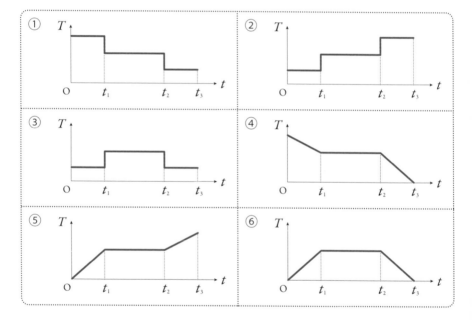

問4 吊臂緩慢改變角度 θ，將質量 500 kg 之重物移動了水平 2 m，垂直向上 1 m。此時吊車吊索的張力，對重物做功 W 為多少？令重力加速度為 9.8 m/s^2。

問1 如圖，吊車處於靜止狀態。

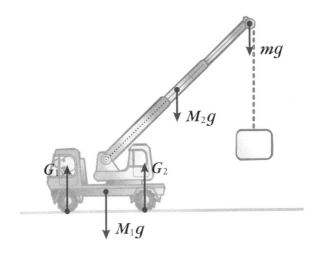

根據力的平衡，可得

$$G_1 + G_2 = M_1 g + M_2 g + mg$$

問1的答案

$$(\uparrow 向上的力 = \downarrow 向下的力)$$

問2 將支點定於後輪 R，加上符號 ⊗，探討 R 周圍的力矩。參考「創造力臂 123」，將 $M_1 g$、$M_2 g$、$m_C g$ 平行移動，創造新的力臂。由問題敘述可知，前輪 F 的正向力 G_1 可看做 0，因此不需考慮此力。「創造力臂 123」內容如下：

> 創造力臂123
>
> ① 沿著施力箭頭畫直線
>
> ② 從支點畫出垂直於①的直線
>
> ③ 將力移動到兩線交點上，形成新的力臂

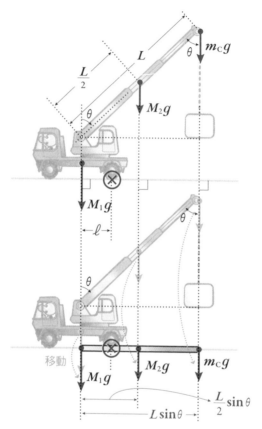

以新的力臂為中心，
將圖簡化。

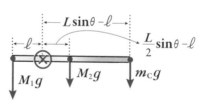

以上圖列出「力矩平衡」的算式，得以下結果。

$$M_1 g \times \ell = M_2 g \times \left(\frac{L}{2} \sin\theta - \ell \right) + m_C g (L\sin\theta - \ell)$$

問2的答案

（↺ 逆時針力矩 ＝ ↻ 順時針力矩）

問3 觀察 $v\text{-}t$ 圖的斜率，得知 $0 \sim t_1$ 之間為正向等加速度運動，$t_1 \sim t_2$ 之間為等速運動，$t_2 \sim t_3$ 之間為負向等加速度運動。

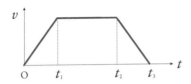

因此，進行等加速度運動的 $0 \sim t_1$、$t_2 \sim t_3$ 適用「運動方程式」，進行等速運動的 $t_1 \sim t_2$ 適用「力的平衡算式」，可以求出各期間的張力。

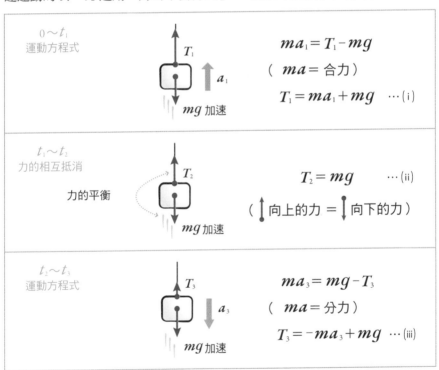

比較算式 (i)、(ii)、(iii) 可知，

$$T_1 > T_2 > T_3$$

符合此關係的圖形為①與④。

在 $0 \sim t_1$ 之間 v-t 圖的斜率不變，可知加速度圖中並無變化。因此運動方程式中的力也沒有變化。$t_2 \sim t_3$ 也是一樣。圖形④途中發生力的變化，可知並不適當。

答案是圖形①

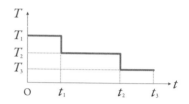

問 4

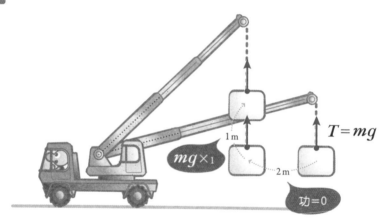

水平移動重物時，作用於重物的張力 T 與移動方向垂直，故做功為 0。因此吊車只有在吊起物體時有做功。

在求出往上吊起所做的功之前，我們知道吊車「緩慢」移動（等速），因此上下方向的力互相抵消達成平衡，$T = mg$，由此可得，

$$功\ W = Fx = (mg)x = 500 \times 9.8 \times 1 = 4900\ (J)$$

問題4的答案

附錄 **1** **等加速度運動三公式推導法**

讓我們試著用 **v-t** 圖推導出「等加速度運動三公式」。假設有加速度 **a**，以初速度 **v_0** 出發的等加速度運動。若時刻 **t** 之速度為 **v**，則速度 **v** 可表示為下圖。

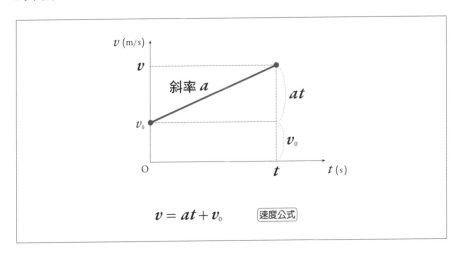

$$v = at + v_0 \quad \boxed{\text{速度公式}}$$

這樣就導出了「速度公式」！

接著利用 **v-t** 圖的性質，來推導移動距離 **x**。還記得嗎，「v-t 圖的面積就是位移」。

如下圖所示，畫上輔助線，將「下方長方形」與「上方三角形」的面積相加，求出移動距離。

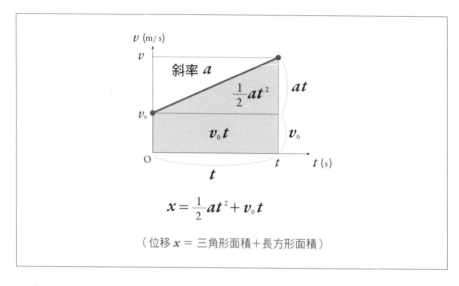

$$x = \frac{1}{2}at^2 + v_0t$$

（位移 x ＝ 三角形面積＋長方形面積）

在此考慮到起點並非原點，為了使公式更加一般化，而加入起始位置 x_0。

$$x = \frac{1}{2}at^2 + v_0t + x_0 \qquad \boxed{距離公式}$$

這樣便推導出了「距離公式」。

最後再將「速度公式」與「距離公式」聯立消去 t（計算過程請自行練習）。

$$v^2 - v_0^2 = 2a(x - x_0) \qquad \boxed{無時間公式}$$

便可導出「無時間公式」。

附錄 ❷　**導出動能・位能**

・**導出動能**

當我們做功 F_x，物體究竟能得到多少動能？來算算看吧。

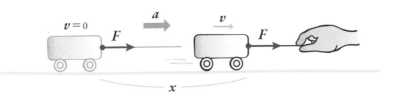

如圖所示，以一定施力 F 拉扯靜止且質量為 m 的台車。受力的台車以加速度 a 開始加速，移動了距離 x 之後，物體速度為 v。

將初速度 $v_0 = 0$、起始位置 $x_0 = 0$ 代入等加速度運動三公式的「無時間公式」中，得到以下結果。

$$v^2 - v_0^2 = 2a(x - x_0)$$

$$v^2 = 2ax$$

兩邊都乘上 m，得到　　$mv^2 = 2max$

代入 $ma = F$，求出功

$$Fx = \frac{1}{2}mv^2$$

由此公式得知，若對某物體做功 F_x，則物體將獲得 $\frac{1}{2}mv^2$ 的能量。這便是動能。

· **導出位能**

位能可以寫成什麼樣的公式？

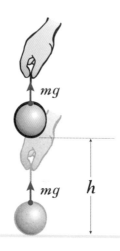

　　如圖所示，以緩慢等速將質量 m 的鐵球拉高至高度 h（m）的位置，然後停止。根據「力的平衡」，以等速拿起物體所需的力等於重力 mg。此時手對鐵球做的功如下。

$$W = Fx = mg \times h$$

　　雖然手對鐵球做了 mgh 的功，但鐵球的動能並未增加（靜止）。
　　因此手對鐵球做的功 mgh，是轉換為高度能量「位能」而被儲存起來。

必背的物理公式

奮勇向前衝　等加速度運動

* **v-t 圖定律**

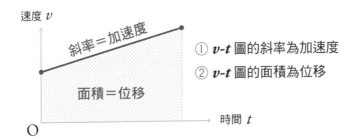

速度 v

斜率＝加速度

面積＝位移

① v-t 圖的斜率為加速度

② v-t 圖的面積為位移

時間 t

O

* 速度公式
（參考第17頁）

$$v = \frac{x}{t}$$ （速度＝距離 ÷ 時間）

* 加速度公式
（參考第18頁）

$$a = \frac{v}{t}$$ （加速度＝速度 ÷ 時間）

等加速度運動三公式

v_0　　　a　　　v

x_0　　　$x-x_0$：位移　　　x

* 距離公式
（參考第31頁）

$$x = \frac{1}{2}at^2 + v_0 t + x_0$$

* 速度公式
（參考第31頁）

$$v = at + v_0$$

* 無時間公式
（參考第31頁）

$$v^2 - v_0^2 = 2a(x - x_0)$$

位置 x、速度 v、加速度 a、經過時間 t、初速度 v_0、起始位置 x_0

第二堂課 一切的起源　運動方程式

- 運動方程式
  （參考第59頁）

  $$ma = F$$　（質量 × 加速度 ＝ 力）

- 重力
  （參考第69頁）

  $$W = mg$$　（重力 ＝ 質量 × 重力加速度）

- 彈簧力
  （參考第101頁）

  $$F = kx$$　（彈簧力 ＝ 彈簧常數 × 彈簧變形量）

- 最大靜摩擦力
  （參考第106頁）

  $$f_{max} = \mu N$$　（最大靜摩擦力 ＝ 靜摩擦係數 × 正向力）

- 動摩擦力
  （參考第106頁）

  $$f' = \mu' N$$　（動摩擦力 ＝ 動摩擦係數 × 正向力）

第三堂課 能量捉迷藏　能量守恆

- 功
  （參考第121頁）

  $$W = Fx$$　（功 ＝ 施力 × 移動距離）

- 動能
  （參考第124頁）

  $$\frac{1}{2}mv^2$$　（$\frac{1}{2}$ × 質量 × 速度平方）

- 位能
  （參考第125頁）

  $$mgh$$　（質量 × 重力加速度 × 高度）

- 彈力位能
  （參考第128頁）

  $$\frac{1}{2}kx^2$$　（$\frac{1}{2}$ × 彈簧常數 × 彈簧相對於自然長度的變形量平方）

補充第一堂 關鍵在於壓力差！ 浮力

• 壓力公式
（參考第169頁）

$$P = \frac{F}{S}$$ （壓力 ＝ 力 ÷ 面積）

• 密度公式
（參考第173頁）

$$\rho = \frac{m}{V}$$ （密度 ＝ 質量 ÷ 體積）

• 浮力公式
（參考第181頁）

$$F = \rho V g$$ （浮力 ＝ 水的密度 × 體積 × 重力加速度）

補充第二堂 轉不動？ 力矩的平衡

• 力矩公式
（參考第192頁）

$$M = F \times L$$ （力矩 ＝ 力 × 力臂長度）

第一堂課 **奮勇向前衝 等加速度運動**

四色筆123

① 邊看問題內文，邊以「藍色」標出關鍵的數字與符號。

② 關鍵名詞畫上「綠色」底線。

③ 用「黑色」畫圖計算，用「紅色」修改解答。

等加速度運動123

① 先畫圖，以移動方向為軸。

② 根據軸方向，決定速度‧加速度的正負值。

③ 將 a、v_0、x_0 代入「等加速度運動三公式」中，求出解答。

第二堂課 **一切的起源 運動方程式**

力的找尋法123

① 在你要探討的物體上畫臉，融入其中。

② 畫出重力。

③ 注意和物體接觸的東西，從表皮（物體表面）開始描繪外力（QQ 糖法）。

力與運動123

① 畫出所有力。

② 看清運動真相。

③ 靜止‧等速 → 力的平衡，等加速 → 運動方程式。

力的分解123

① 定移動方向為 x 軸，並設定與 x 軸垂直之 y 軸。

② 從箭頭前端，分別畫出垂直於 x 軸、y 軸之垂線。

③ 於垂線與軸之交點畫出新的力。

第三堂課 **能量捉迷藏 能量守恆**

能量123

① 畫圖決定「起點」與「終點」。

② 求出「起點」與「終點」的總能量。

③ 加入功的影響，列出能量守恆算式。

補充第二堂 **轉不動？力矩的平衡**

創造力臂123

① 沿著施力箭頭畫直線。

② 從支點畫出垂直於 ① 的直線。

③ 將力移動到兩線交點上，形成新的力臂。

力矩123

① 畫出所有力。

② 列出「力的平衡」算式。

③ 支點標上 ⊗ 符號，列出「力矩平衡」算式。

後記

我第一所教課的學校，就是高中女校。

女孩子對物理普遍不拿手。但當時學校只有我一個物理老師，每天都有學生找我解題、抱怨。因此我每天都一邊擦著冷汗，一邊解決學生的問題，並將學生容易碰到的瓶頸整理成筆記。

「三步驟解題法」「QQ糖法」「細繩法則」……我努力研究教材，學習其他老師的教學技巧，掌握講課竅門，終於大大提升了學生的考試成績。不知不覺，女學生們開始對物理抱持自信，甚至成為不輸男孩子的指標之一。

根據這些經驗，我才明白女生只是對物理感冒，只要教得好，成績就會大大進步。問題就在老師身上。

不僅是為了眼前困擾的學生們，全國的學生，甚至是不擅物理的成年人們，我都希望大家能夠了解物理的趣味，重新面對物理，因此才著手撰寫本書。

若本書能幫助讀者治癒物理過敏，成為享受物理的契機，將是我無上的喜悅。讀者了解物理之後發自內心的歡呼，則是我最大的幸福。

鳴謝

本書源起於我在日本共立女子高中的教學生涯。感謝的對象包括教師、朋友，甚至學生們。而我能夠誠懇有禮地教導學生，也多感謝其他前輩的指導。

感謝Sciece I編輯部石井顯一先生，對企劃編排提供了許多建言。為我統籌排版事宜的近藤久博先生，繪製插圖的neco老師，為本書增添了親切歡樂的圖畫。櫻花飯店神保町的咖啡廳，則是從每天早上五點開始，便為我提供了清幽的寫作環境。

此書能夠出版，以上各大德缺一不可。在此深深感謝各位的幫助。

作者 檔案

桑子 研 Ken Kuwako

生於1981年。畢業於東京學藝大學，筑波大學研究所。目前擔任共立女子高中物理老師。第一間教課學校就是女校，且全校只有一位物理老師。面對看到物理就大感冒的女學生們，每天都十分苦惱。於是使用iPod製作影像教材，使用心智圖或簡圖取代生硬板書，更開發三步驟解題法等教學法。在他獨特的教學之下，學生們終於不再害怕，並獲得自信與感動。之後又協助其他老師，進行跨學科的校外學習。

Kuwako-Lab.com http://kuwako-lab.com

「艦長，我算出隕石的速度和加速度了！根據計算……三秒之後隕石跟太空梭就會在相同位置上……」

索 引

國家圖書館出版品預行編目資料

3 小時讀通基礎物理 力學篇 / 桑子研作；李翰庭
譯. -- 初版. -- 新北市：世茂, 2017.11
面；　公分. --（科學視界；210）
譯自：ぶつりの１・２・３：誰でも解ける!セン
ター物理「力学」の３ステップ解法
ISBN 978-986-94805-2-9（平裝）

1. 力學

332　　　　　　　　　　　　　106009538

科學視界 210

3 小時讀通基礎物理 力學篇

作　　者／桑子研
譯　　者／李翰庭
主　　編／陳文君
責任編輯／曾沛琳
出 版 者／世茂出版有限公司
地　　址／（231）新北市新店區民生路 19 號 5 樓
電　　話／（02）2218-3277
傳　　真／（02）2218-3239（訂書專線）、（02）2218-7539
劃撥帳號／19911841
戶　　名／世茂出版有限公司　單次郵購總金額未滿 500 元（含），請加 60 元掛號費
世茂官網／www.coolbooks.com.tw
排版製版／辰皓國際出版製作有限公司
印　　刷／祥新印刷股份有限公司
初版一刷／2017 年 11 月
　二刷／2020 年 10 月
Ｉ Ｓ Ｂ Ｎ／978-986-94805-2-9

定　　價／300 元

讀者回函卡

感謝您購買本書,為了提供您更好的服務,歡迎填妥以下資料並寄回,我們將定期寄給您最新書訊、優惠通知及活動消息。當然您也可以E-mail:service@coolbooks.com.tw,提供我們寶貴的建議。

您的資料(請以正楷填寫清楚)

購買書名:＿＿＿＿＿＿＿＿＿＿＿＿＿＿＿＿＿＿＿＿

姓名:＿＿＿＿＿＿＿ 生日:＿＿＿年＿＿月＿＿日

性別:□男 □女　　E-mail:＿＿＿＿＿＿＿＿＿＿＿

住址:□□□＿＿＿縣市＿＿＿＿鄉鎮市區＿＿＿＿路街
　　　＿＿＿段＿＿巷＿＿弄＿＿號＿＿樓

　　聯絡電話:＿＿＿＿＿＿＿＿＿＿＿＿＿

職業:□傳播 □資訊 □商 □工 □軍公教 □學生 □其他:＿＿

學歷:□碩士以上 □大學 □專科 □高中 □國中以下

購買地點:□書店 □網路書店 □便利商店 □量販店 □其他:＿＿

購買此書原因:＿＿ ＿＿ ＿＿ ＿＿ ＿＿ ＿＿(請按優先順序填寫)

1封面設計 2價格 3內容 4親友介紹 5廣告宣傳 6其他:＿＿＿＿

本書評價:＿＿ 封面設計 1非常滿意 2滿意 3普通 4應改進

　　　　　＿＿ 內　容 1非常滿意 2滿意 3普通 4應改進

　　　　　＿＿ 編　輯 1非常滿意 2滿意 3普通 4應改進

　　　　　＿＿ 校　對 1非常滿意 2滿意 3普通 4應改進

　　　　　＿＿ 定　價 1非常滿意 2滿意 3普通 4應改進

給我們的建議:＿＿＿＿＿＿＿＿＿＿＿＿＿＿＿＿＿＿

＿＿＿＿＿＿＿＿＿＿＿＿＿＿＿＿＿＿＿＿＿＿＿＿＿＿

＿＿＿＿＿＿＿＿＿＿＿＿＿＿＿＿＿＿＿＿＿＿＿＿＿＿

電話：(02) 22183277

傳真：(02) 22187539

生活健康·掌握資訊·享樂自我

生涯智庫·精彩生活·閱讀幸福

廣告回函
北區郵政管理局登記證
北台字第9702號
免貼郵票

231新北市新店區民生路19號5樓

世茂
世潮 出版有限公司 收
智富